Space and Chinese Furnishings

来自传统文化的礼物

中国未来设计新趋势

目 录

作 者

许埜屏

1960 年毕业于北京林学院，退休前为故宫博物院古建部庭院组高级工程师，主要研究内容为园林规划设计与古树保护。

郑连章

紫禁城学会副会长、古建筑专家，退休前为故宫博物院古建部主任。

聂崇正

祖籍湖南，生于上海，定居北京。1960 年就读于中央美术学院美术史系，毕业后供职于故宫博物院，从事古代绘画陈列、研究工作至今，现为故宫博物院研究馆员。著有《清代宫廷绘画》《清宫绘画与“西画东渐”》《明清画谭》等，文章散见于报刊。

王 钊

来自古都西安，痴迷博物学和中国传统艺术。现在就读于北京大学哲学系科学史专业，师从刘华杰教授进行博物学史研究，具体研究方向是中国古代博物图像。

黄小峰

出生于江西南昌新建县石岗镇，自小喜欢画画，长大后立志考入美院，后果然得以进入中央美术学院美术史系学习，并有幸留校任教。一直以来，深为中国古代绘画所吸引，试图从一件件的作品中探寻古人的视线，追索古人的风流。

朱良志

北京大学哲学系教授，长期从事中国艺术观念的研究，近年来尤对传统赏石艺术有深入研究，出版的《顽石的风流》，在读书界有广泛影响。

丁文父

《御苑赏石》《中国古代赏石》作者。

孙 淼

故宫博物院展览部副主任，“四僧书画展”策展人。

艺术家

彭 薇

生于四川成都，南开大学文学学士和哲学硕士。现为北京画院一级画家一级美术师。其作品被美国波士顿美术馆、旧金山亚洲艺术博物馆、纽约布鲁克林美术馆、瑞士 Sigg Collection、中国美术馆等机构收藏。

刘 丹

水墨画家。他以赏石的意象结构生成形态为编码，在东方时空观所独擅的变幻系统中，开创了一种将中国山水画由宏观认知转向微观认知的全新造型语言。

曾小俊

当代艺术家、学者、收藏家，精鉴古典家具，蓄藏赏石清玩、文房诸器，借笔下树石表达情感。

曾梵志

当代艺术家，其创作以独特的语言风格和敏锐的社会批判，受到广泛的赞誉。2016 年 12 月，他为翦淞阁主人黄玄龙收藏的 22 座研山策展，以研山为材，叠一幅《万里江山图》。

摄影师

枰 乐

故宫摄影师，博物馆馆员。北京工业大学经管学院项目管理专业毕业，工程硕士学位，在故宫博物院工作十余年，从事文物摄影工作。

任 超

曾任职于《华夏地理》与《紫禁城》杂志，现为自由摄影师，拍摄题材多为文物与古建筑，与北京大学、北京市文物局、故宫出版社等多家机构合作。

柳叶氘

本科读博物馆学，硕士读考古学，毕业后跑到故宫做新媒体，但，一直在拍照。从博物馆里的瓶瓶罐罐，到紫禁城里的风花雪月，坐实了“一只带文博属性的视觉动物”的称号。

李玉祥

旅居北京的南京人。中国摄影家协会会员，“生活·读书·新知”三联书店特约编辑，中国民间文化遗产抢救工程专家委员会委员，曾出版《老房子》系列与《乡土中国》系列。

孔祥哲

2010 年毕业于中央美术学院摄影专业，2010 年至今从事摄影行业，GUI JU STUDIO 摄影总监及创始人。曾与《时尚先生》《GQ》等多家媒体合作，曾担任《凿枘工巧》《大漆家具》《凿枘工巧中国古卧具》《大成若缺》《赏昕集》《悦木集》等书的摄影师。

杨小宝

职业摄影师，有四十多年摄影创作实践经历，偏好纪实写真，乐于平和地表达被摄物，擅长静物摄影。

尚海泉

摄影师，擅长静物摄影，清华美院摄影专业客座讲师，主讲广告摄影。在日本留学期间打下扎实专业的摄影基本功。

插 画

尹继田

字常庚，别号云溪山馆。拟法宋元，以精笔花鸟见长。

王 赫

毕业于清华大学美术学院。现任故宫博物院文保科技部古书画复制室组长，副研究馆员。

（按书中出现先后顺序排序）

Content

时间胶囊

锦簇与素朴

在乾隆皇帝关于家的梦里，一木一石如何栽植，如何摆置，如何抒情，如何寄寓？他是怎么把室内变成藤萝花园？他广集各地奇石，又是抱着怎样的趣味？打开时间胶囊，走进乾隆皇帝内心的花园。

清人画 弘历岁朝行乐图
故宫博物馆藏

庚申

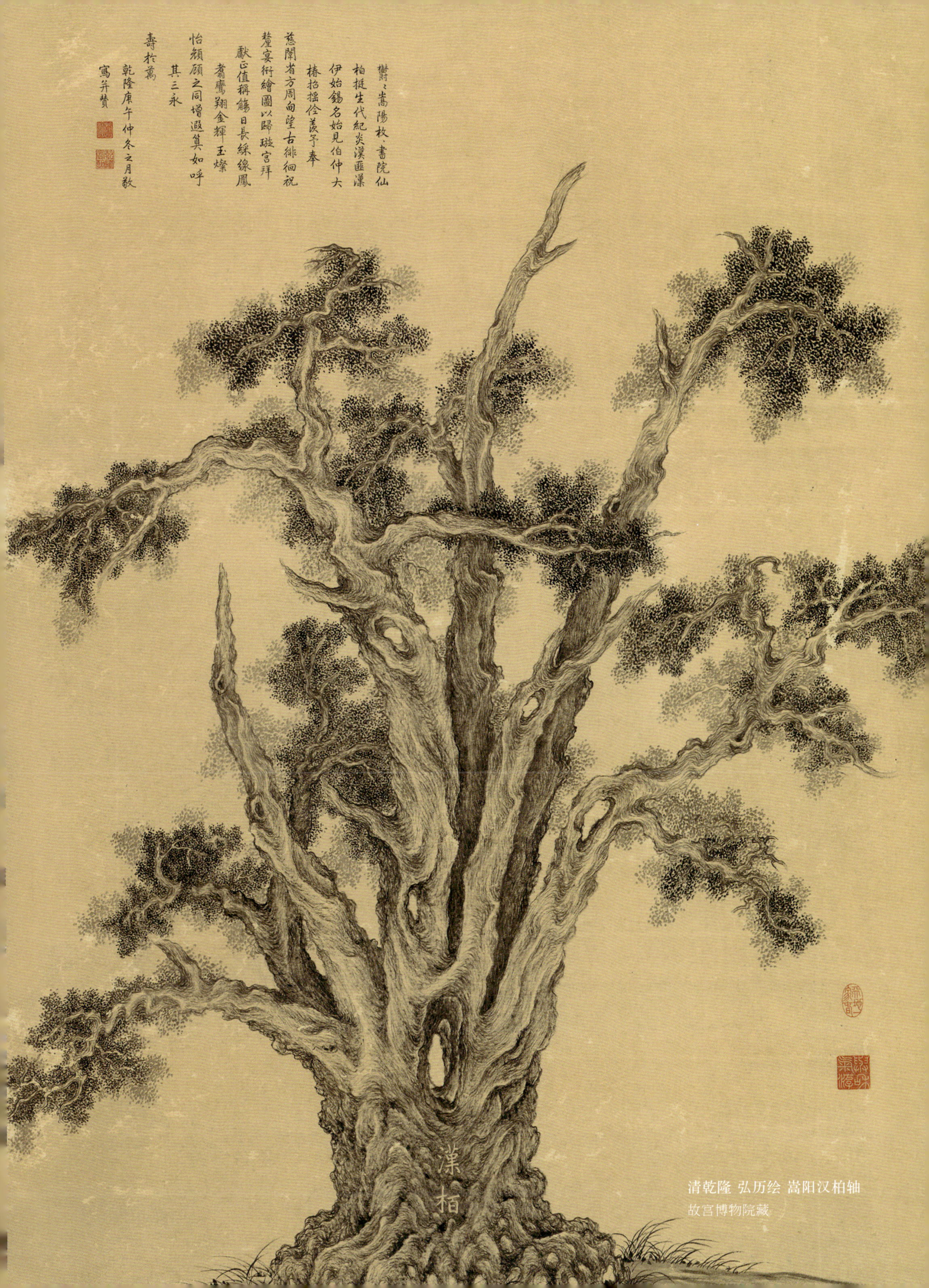

清乾隆 弘历绘 嵩阳汉柏轴
故宫博物院藏

故宫乾隆花园鸟瞰示意圖

宁寿宫花园的树木配植

文／许埜屏　摄影／枰乐等

宁寿宫花园的植物种类按照皇家园林要求严格挑选。树木数量不多，但运用得宜，有明确的意图，每组甚至每株树木发挥特定的功能，以少胜多。

宁寿宫花园的营造开始于乾隆三十七年(1772)，乾隆四十一年落成，占地约 6000 平方米，南北狭长，划分为四进院落，也可称为四个景区，是为乾隆皇帝“归政授玺”后游憩预备的。

这座花园里能种植树木的面积不大，而且条件很差。但是造园者利用有限的树木取得了很好的效果。如果说整个花园是“小中见大”，那么，在种植方面则可说是“以少胜多”。

因为树木种类有限，数量不多，造园者必须细心运用，充分发挥它们的各种功能，为创造特定的意境服务。树木栽植基本上是自然化的，特别是在园子的第一进古华轩景区，但是个别地方也有比较规则的安排。树木的位置，疏密间隔，树种搭配力求适合景区与建筑物的特点，建园基地上原有的树木也被珍惜地保留下来。本文旨在探索造园者在树木配植方面的构思及实施效果，所以主要谈百年以上的树木，即清代栽植的或建园以前原有的树木，较少涉及现代栽植的花木。

乾隆花园现有树木共 96 株，其中乔木 82 株，松柏占 90% 以上。曾有 3 株古老的香椿，20 世纪七十至八十年代枯萎，现已伐掉。此外就是五十年代新种的榆叶梅、丁香、海棠、竹等花木。现在被列为一级古树的乔木有 5 株，被列为二级古树的 45 株。需要说明的是：古树等级根据树木胸径划分，但是由于宁寿宫花园的植物生长条件很差，树木生长缓慢，胸径与实际树龄往往不符，所以划入 100 ~ 200 年的二级古树，实际树龄可能超过这个等级的上限；因树干较细而未列入古树的，树龄可能也在百年以上，所以古树应不止上面说的 50 株。

古华轩院落全景 轩前东西两侧分别是海棠与著名的古楸

各景区的树木配植

82 株乔木在四景区的分布为：古华轩景区 39 株，其中柏 35 株，松 1 株，楸 3 株；遂初堂景区 10 株，全部是柏树；萃赏楼景区 13 株，其中柏 12 株，松 1 株；符望阁景区共 20 株，其中柏 19 株，黑枣 1 株。

第一景区即古华轩景区。花园正门衍祺门内，假山形成的“峡谷”两旁，比较密集地种植着 5 株桧柏，西边 2 株，东边 3 株，古木交柯，与山屏结合，形成一个过渡空间，使人走出“峡谷”立即感到豁然开朗，这是中国古典造园艺术中经常采用的“欲扬先抑”的手法。

由衍祺门入园，古柏与山屏形成了曲径幽谷 任超摄

转过山屏，便是乾隆花园第一进院落古华轩。这里是园中最有“江南山林风光”韵味的所在。院中乔木有 39 株，桧柏 18 株，侧柏 17 株，油松 1 株，楸树 3 株，加上现在已死的两株香椿，共 41 株，为全部乔木的一半。树木大多种在两侧，掩映着叠石和高下错落地建在东、西、南三面的亭台，把铺着十字冰纹路的狭长庭院烘托得像青山中的幽谷。这个景区总面积只有 1554 平方米，却使人感到幽深莫测，除了因建筑布局的刻意多变外，很大程度上是依靠在树木配植上下功夫。

在这一景区里，充分利用了植物“框景”和“障景”的功能。

框景：在院落的东、西两侧植以高大乔木，枝柯交错，形成以古华轩为中心的画面的“景框”。

障景：东南侧植柏，挡住宁寿宫中路的养性殿等房舍及花园的东南墙；东北角的柏树、香椿（现已伐）和竹子遮住了遂初堂的院墙；这些都给人以想象余地，感到后面尚隐藏着无限风光。

东南角植柏的作用值得专门谈一下。古华轩院落东南角用曲廊隔出了一个别院，面积 350 平方米，内有许多建筑。它的庭院面积只有 150 平方米，但现存的古树就有 6 株之多，其中有 2 株桧柏，3 株侧柏；还有其他树木。为什么这里配植密度较大？我认为原因是：其一，这里地处花园边缘，种植密集一些，使人一进园子就感到山深林密，别有天地；其二，使得园主从古华轩南望时看到的是蓊郁的树木而不是花园围墙；其三，是东南别院这个小环境的需要。乾隆帝在为别院中的撷芳亭写的一首诗中提及“山亭构为野芳开，春意方舒殿里梅”（《高宗御制诗三集》卷九），要求这个小院有“山野”意趣；院中建有一处“抑斋”，有联曰：“心田洗净全如水，鼻观清芬讵必莲。”据《日下尊闻录》记载，乾隆帝即位后，凡园亭行馆有可静憩观书者，率以“抑斋”为额。抑斋是读书的地方，需要清幽的环境，自然要多种些树。

古柏掩映中的抑斋与矩亭

撷芳亭全景

古华轩院里套了一座约占其总面积四分之一小院，并没有使空间变得局促，反而显得更深远宽广了些，这是因为高下不等的建筑和高大茂密的树木增加了层次感、立体感；同时也有因槛窗曲廊的阻隔而令人不知小院尚深几许的缘故。

古华轩院落里有过竹子，嘉庆帝的《古华轩》诗有“密荫石栏曲，清涟竹径斜”句，描写的应当是实景。

古华轩内西侧的叠石

古华轩院落东西两侧的树木与山石

院落中的楸树(Catalpa bungei)是宁寿宫花园建园时保留的原有古树，古华轩的位置也因古楸而稍有迁就。这正与《园冶》所说基地上原有的大树要在中庭留下几株，对有碍于建筑的“多年树木”要“让一步”的要求相合，即“倘有乔木数株，仅就中庭一二”，“多年树木，碍筑檐垣；让一步可以立根，斫数桠不妨封顶”。轩堂阶前种树一般是对称的，但是因为古华轩前有了这株楸树，就放弃了对称原则，任凭这株孤植的树在阶前斜长，满足于不对称的均衡感。现有的与它对称的海棠是20世纪50年代栽种的。古楸树形优美，树冠丰茂，春夏之交开白色带紫斑花朵，冬天树叶凋落，但由飞雪装点成满树银花，非常好看。古华轩就是因此而得名的。乾隆帝为这株楸树写了许多诗和楹联，其中“明月清风无尽藏，长楸古柏是佳朋”足以表明他对这楸树的赏识。乾隆帝咏古华轩古楸诗反复强调“庭楸杰峙已生孙”、“楸根生子孙”，“孙枝亦其肩”，将这株楸树比喻为子，将它的萌蘖比喻为孙辈。楸树萌发力强，多生根蘖，它如此受到帝王青睐，是否与象征子孙繁茂有关，需要进一步研究才能下结论。

古柏

古楸

位于院落西侧的禊赏亭外景

附近树木较疏，与东侧的蓊郁之态形成对照。

古华轩明间天花

古华轩的装修古朴淡雅，天花板雕刻花朵图案，与老楸及整个院落的基调十分协调。

景区西侧植树较疏，是因为西侧已有叠山、禊赏亭及旭辉庭等高大建筑遮住了宫墙，起到了“屏俗”的作用。况且也不应以树木影响禊赏亭的景观，尤其是不能遮挡“初旭先得照，祥晖却受融”的旭辉庭的阳光。

紫禁城历史上曾有两座禊赏亭。位于御花园中的一座今已不存；而位于宁寿宫花园的这座颇负盛名，其立意正如御制诗《题禊赏亭》所言："有石巉岩有竹攒，流觞亭里石渠盘。他年辽待临王帖，视昔由今正好观。"据《日下旧文考》，亭中还"恭刊御笔临董其昌《兰亭记》"。

禊赏亭内流杯渠

旭辉庭

第二景区即遂初堂院落，乾隆帝将这个庭堂题名“遂初”，表示希望实现执政六十年后禅位隐退的本愿。因此庭堂和院落的布局及装修都尽量仿效第宅、别墅，是典型的北京三合院格局。树木配植自然与全院风格一致：以4株桧柏整齐对称地种在院子的四角，以数株柏树和一丛箬竹（Indocalamus tessellatus）围绕庭院中间的湖石，给人以清朗疏落、闲逸淡泊的感觉。这正是嘉庆帝《遂初堂》诗形容的“乔松荫闲院，驯鸽语回廊”的意境。在这座以“养素陶情”（见堂内楣匾）立意的朴拙无华的宅院里，植物不宜多也不宜杂，更不须选用名贵品种。乾隆帝为其题写的楹联也强调了这一特点，“墨斗砚山足遣逸，琪花瑶草底须妍”；“屏山镜水皆真绛，萝月松风合静观”，要求的不是“琪花瑶草”，而是“萝月松风”。

墨斗砚山足遣逸，
琪花瑶草底须妍。

遂初堂院落

古柏与湖石组合成为景观中心

遂初堂院落内的柏树与湖石

第三景区即萃赏楼景区。庞大的叠石峰峦和周围精美的亭台楼阁占满全部空间，树木只能种在山石与建筑间的空隙里，起衬托作用。峰峦北边的低处种植了3株侧柏和1株桧柏，树形苍劲奇古，虬枝蟠曲，增强了山石的森严峻险。峰峦东侧还有3株桧柏，给拥挤局促的环境增色不少。尽管这个景区以山石和建筑为主体，但是从峰顶的耸秀亭俯视，仍是蓊郁苍翠的。这几株乔木起了不小的作用，是以少胜多的一个实例。

耸秀亭所在的山峰北面即是一座两层的萃赏楼，楼南现存树木4株，种在楼和山的夹缝里，也是为了达到上述的效果。

萃赏楼

耸秀亭

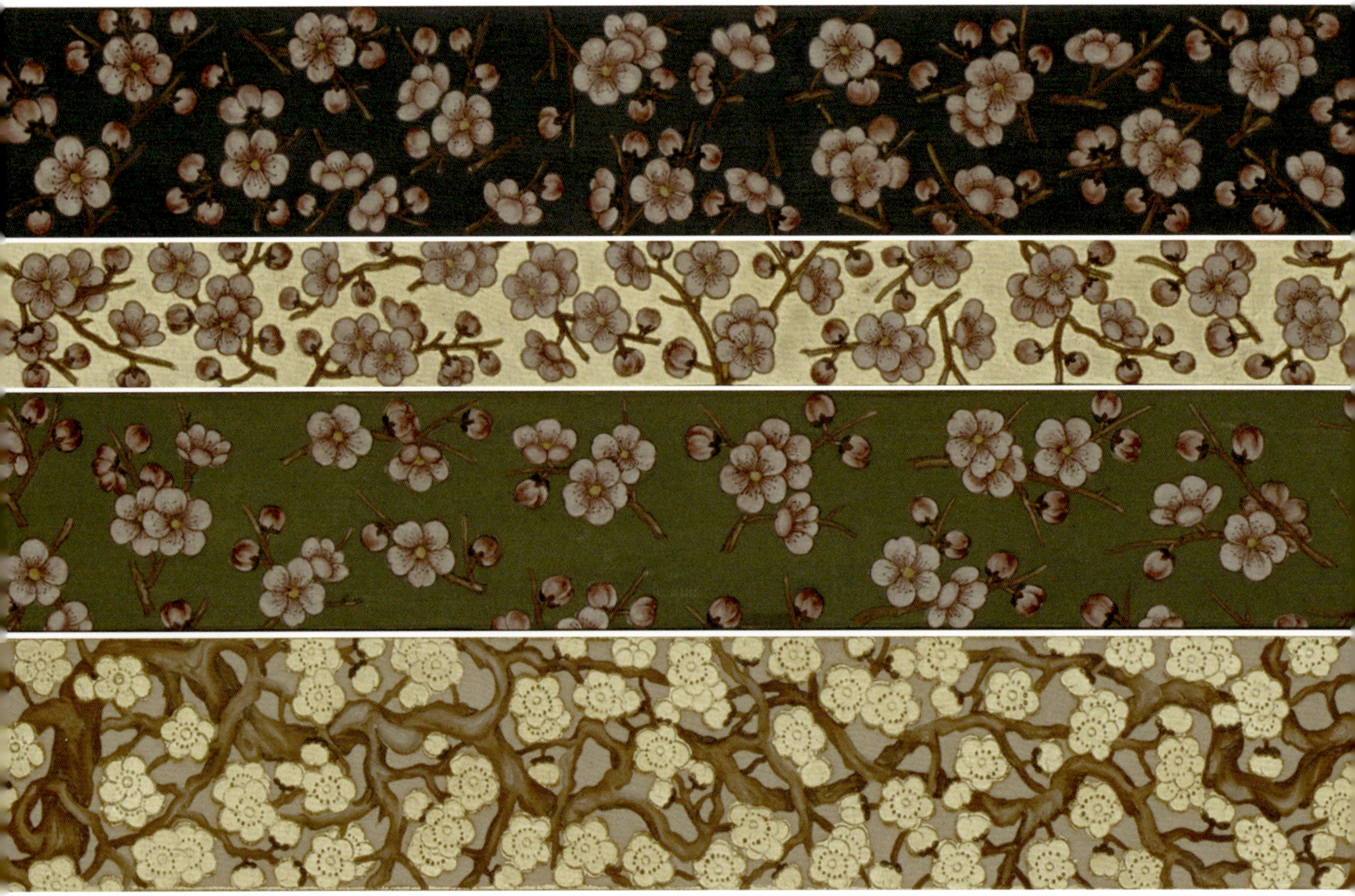

碧螺亭檩垫枋楣子梅花彩画

碧螺亭栏板

碧螺亭宝顶

乾隆花园中轩馆的题额，三处与植物有关。除了前面说过的古华轩，再就是这个景区东面小院里的三友轩和第四景区里的竹香馆。此外，符望阁前假山顶上的一座玲珑剔透的五柱亭，形似“梅开五瓣”，虽以“碧螺”命名，可是从平面设计到装修图案全与梅有关。三友轩紫檀木的窗棂、隔扇、圆光罩上面，都有精美的松、竹、梅透雕、浮雕或绘画。按中国的传统，常将这三种植物种在一起，以符合岁寒三友之说。1923 年烧毁的西花园内的三友轩（凝晖堂），窗外亦植松竹梅。据乾隆三十三年《三友轩》诗及注文，宁寿宫里的三友轩窗外是否也种植过这三种植物，今天已无法考察。1950 年代曾在这里栽过一株油松和一丛竹子，以便与建筑物有些呼应；但种植条件极差，竹子没有成活；油松经几次补栽，照样长不好。露地种梅困难，因而种了两丛丁香，以丁香代替了梅香。

碧螺亭冬景

三友轩深藏于第三景区东南的“山坳”间。屋顶半作歇山，半作悬山。西山墙开一大方窗，以紫檀木透雕松竹梅窗格。窗外石笋挺秀，花木摇曳，幽静而不乏生趣。

三友轩西次间北面松竹梅圆光门

三友轩松竹梅窗棂

延趣楼外景

与三友轩隔山相对的延趣楼，乾隆帝在位时曾来此“偷闲取静”，其《延趣楼自警》诗“飒沓松竹影，胥足助心会”，表明这里当时也是有竹的。原种的竹子早已不存，现在楼南杂生的竹丛是后来种下的。诗中说的“松”指的应当是楼前的3株柏树。

关于乾隆花园造园的“屏俗收嘉”手法，一般都从建筑设计上讲，但是根据这一进院落的树木布局，还可以看出树木在“屏俗”方面起到的作用。从乾隆花园的树木配植平面图上能发现，花园西侧，凡是没有建筑物的地方或是在建筑物之间的空隙，都种有乔木，遮住高大的西墙。乾隆帝《延趣楼》七绝“假山真树友忘年，远隔红墙夏飒然”句下有这样一段小注：“大内皆黄瓦红墙，夏日睹之愈增炎热，惟此间树木繁荫，遮隔红墙，便觉爽趣飒然。”这个院落西边的树木不仅遮住了高大呆板的宫墙，而且掩盖了帝王在宫中看腻了的颜色。

符望阁外景

第四景区即符望阁景区。萃赏楼以北，以崇高雄奇、繁复华丽的符望阁居中的院落，充分显示出帝王苑囿庄严宏大的气派，与前面两区带有江南山林和民间宅第意味的自然典雅风格形成鲜明对照。

花园两侧都有高墙，且地形狭长，地势平坦，如果园中建筑低矮稀疏，会令人感到处在夹缝中，反之又会显得拥挤。为了摆脱这个困境，造园者使全园地势有起有伏，并采取了几种做法：一是屏蔽两侧，使院落宛若幽谷（第一景区），二是沿西侧宫墙留出夹道，使景区与宫墙隔离（第二景区），三是叠峰峦、建崇阁，突破宫墙的封锁（第三、四景区）。第四进院落被设计为全园的高潮，建造了差可与东面畅音阁伦比的符望阁，使登临者的视线扩展至大墙之外，内外景物，目不暇接，如符望阁楹联所形容："居中揽外襟怀畅，击毂摩肩职植殷"（南望），"清风明月含气尽，近景遐观揽莫遗"（北望）。为达到这一目的，自然也利用了植物的功能。这一景区的树木大都种在符望阁南北两侧（北边种在倦勤斋小院），数量比较多，登阁俯视，松柏挺拔葱郁，不觉得拥塞单调。

符望阁正西，背靠宫墙，有座玉粹轩。乾隆帝《玉粹轩》诗句"竹翠常摇籁，墙高因避风"，说明当年这里也可以听到飒飒竹声。现在只剩下轩南假山前的两株古柏，听不到竹籁了。

萃赏楼西边养和精舍里的一副壁联写着："四壁图书鉴今古，一庭花木验农桑。"乾隆帝又有《养和精舍有会》诗云："试看芽纽蕾含始，却胜嫣红姹紫罗。"这是园内匾联及乾隆帝题诗中唯一强调花卉的地方，可以想象，当时每到春天这里应是花木葳蕤的。"和"为"春之气"，养和精舍理所当然应多种花木。目前这里已经没有花卉及原来的花木，一丛丁香还是 20 世纪 50 年代栽种的。

符望阁与倦勤斋之间有一个深庭小院，4株桧柏以院中十字形甬道为界，整齐对称地种在四角，配置方法与遂初堂院落相似，但效果截然不同。遂初堂院落较大，总面积1073平方米，庭院占地350平方米，呈正方形，四角植树仍觉疏朗开阔；而倦勤斋的庭院仅198平方米，长方形，4株桧柏足以使得院中荫翳匝地，幽深肃穆，正是“娱老养性”的倦勤斋需要的气氛。院内有一株自生自长的黑枣（*Diospyros lotus* Linn，学名君迁子），因为树姿优美，枝干玲珑，无病虫害，所以保留了下来，给深沉的小院添增了青翠。

符望阁西北的竹香馆当年曾翠竹摇曳，竹影纷披。弓背状的围墙上开辟了许多美丽的琉璃漏窗，想是为了透视竹景。乾隆帝和嘉庆帝都有专门题咏这里竹子的诗句。乾隆帝诗云“竹本宜园亭，非所云宫禁。不可无此意，数竿植嘉荫。诘曲诡石间，取疏弗取甚”（《高宗御制诗三集》卷九）；嘉庆帝诗云“翠筠满小庭，静香送窗内……长松密荫敷，玉梅冷艳配”，“石径玲珑接曲廊，几枝修竹静含香”（《仁宗御制诗》卷五），可以想象当时松高、石奇、竹疏、梅香的情景。乾、嘉两代帝王曾多次题咏的竹、梅现在都没有了。竹景是江南园林艺术的代表，乾隆帝深爱江南园林风格，在宫内花园中设一竹景园是题中应有之义。如果说倦勤斋小院的特点是“幽”，在它一侧的竹香馆的特色应是“雅”，没有了竹子，竹香馆变得徒有其名。

倦勤斋院落

竹香馆院落

北方种竹不易，乾隆花园里条件更差。我们五十年代在竹香馆种竹，几次都未能成活。乾隆帝在一首咏竹香馆的诗里表示，竹子难种也是要种的，“北地虽云艰种竹，条风拂亦度筠香”。宫中还有为宁寿宫补栽竹子的专门规定，《钦定总管内务府现行财例》：“宫内宁寿宫等处补种花、树、竹子，由南花园办理。”后来改为：“宁寿宫……补种树竹，移奉宸苑办理。其花卉应用护罩，交营造司办理。”乾隆花园重视竹子还表现在建筑物上：三友轩的门窗装饰有竹，禊赏亭的石栏也装饰有竹，乾隆帝《禊赏亭》诗“有石巉岩有竹攒”，总之园中绝对是“不可无此意”的。

竹香馆庭院的树木，被列为古树的有 2 株桧柏，1 株侧柏；另外有 3 株虽然因为胸径不够而没有列进古树范围，但估计也是乾嘉时期栽种的。这 6 株树，4 株在竹香馆围墙内，2 株在墙外，自然散植，不讲对称，符合该馆的格调。至此已是花园的尽头，往前就是花园北门——贞顺门了。

宁寿宫花园树木配植的特点

宁寿宫花园的植物种类是按照皇家园林的要求严格挑选的，少而精。由于空间限制，树木数量不多，但运用得适宜恰当，有明确的意图，或密集，或疏朗，或散植，或对称，都依景区意境需要而定。每组甚至每株树木都发挥了特定的功能，取得了以少胜多的效果。

因为清代帝王天气炎热时要到紫禁城外的苑囿避暑，这个内廷花园主要是为秋、冬、春季游憩而设，所以园中多种松柏、竹、梅等植物。乾隆、嘉庆二帝对宁寿宫花园的题咏多有对松、竹、梅的赞颂，园中的建筑物也有以这三种植物的图案为装饰的。

乾隆帝、嘉庆帝的题咏里常说到松。但是整个乾隆花园里的松树只有两株，其中一株还是后来补种的。松树对生态环境的要求较高，在这里不容易成活——我们几次补栽的经验也证明了这一点——所以当时造园时基本不种。而柏树适应力比较强，树形古朴遒劲，色调深沉肃穆，而松柏可以被通称为松，因此柏树成为乾隆花园里的主要树种。

北京地区种竹，如果长期无人养护、清根、补栽，就会逐渐退化，甚至自行消失。现在乾隆花园里的竹子，全是20世纪50年代栽种的。至于当时园中的梅，情况就比较复杂。梅（Prunus mume）生长在黄河流域以南，北京地区一般不能露天过冬。但乾隆帝诗及其注文里说到静怡轩、凝晖堂的梅有露地栽植的，冬天需搭暖棚密封，解冻后把棚拆掉，到春天和桃花同时开放，“棚梅不攻火，发却后江南”句下注“庭前梅树二株，不事熏然，只以旃(毡)棚护之，己蓓蕾而未花”；“虽是梅子后，无妨通体馨”句下注“而窗外亦植松、竹、梅三种”（《日下旧闻考》卷九）。露植的梅不能在夏历十一月至次年三月按期开花，所以殿内

禊赏亭雕竹栏板

冬春多有放置暖洞中熏开的盆梅。高士奇《金鳌退食笔记》记述南花园每年“十一月、十二月进早梅……蜡瓣梅，又有香片梅……安放懋勤殿”。高士奇应制诗咏懋勤殿盆梅称“一树新开殿里梅”，据此可见，乾隆、嘉庆二帝咏宁寿宫花园的诗中所说的梅，既有露地栽植的，又有南花园或奉宸苑送来的。乾隆帝《撷芳亭》诗中所说“殿里梅”无疑是盆梅。而嘉庆帝《竹香馆》诗中的“玉梅”也可能是更耐寒的蜡梅（Chimonanthus praecox）。今天我们已经培育出梅树的抗寒品种杏梅、江梅，种在紫竹院、北海、中山公园和香山等地，可以露天过冬，不需要像清代那样搭暖棚了。

虽然乾隆花园的植物种类和配植并非尽善尽美，我们仍应保持并在可能条件下恢复它的固有特点。新中国成立后故宫博物院第一任院长吴仲超在故宫园林保护工作方面曾提出过“宁缺毋滥”的原则；古典园林学家陈从周在《说园》中也强调在古迹上植树必须心存“古”字，要于史有据而不可“古迹新装”，认为“园林不在乎饰新，而在于保养；树木不在乎添种，而在于修整”。20 世纪 50 年代我们在宁寿宫花园内的许多地方种过竹子、榆叶梅、丁香、太平花和海棠。除了竹子以外，都是园中原来没有的。多种些花木，固然会增加这个古老花园的观赏性，但也会改变它的“冬景园”的特色。

乾隆花园无疑是一件有独特价值的古典园林艺术瑰宝。它构思周密，布局紧凑，手法多变，在树木配植上有许多值得称道和借鉴之处。现代城市小公园的建设和被建筑围合的狭窄地段的绿化，某些方面可以从乾隆花园的植物配植和对植物材料恰到好处的利用中得到启发。

清人绘《万国来朝图》（局部） 故宫博物院藏

宁寿宫花园的赏石配置

文／郑连章

宁寿宫花园各景点的布置，馆轩斋阁的命名，处处显示了乾隆皇帝是以士大夫「隐逸」的思想来设计这座园林的，使皇家园林更多地流露出了文人园的气息。

晋宏逵《御苑赏石·台座》

宁寿宫花园中的置石立峰以单块石体点缀在各景区内。明末造园家计成在《园冶·选石》一节中称：“取巧不但玲珑，只宜单点。”置石立峰由于是“单点”，即形成独立的景观。因此要求每块峰石尽可能要有适合该区域环境景观的完美的体态。

在选材方面，园林各景区的峰石中除有木化石（学名称硅化木化石）、石笋类及少量其他种类的石材外，大多数用的是南太湖石。为了达到更好的艺术效果，园内峰石的下部都设置汉白玉须弥座。依据石体的不同造型和景观的整体环境，基座或大或小，或方或圆，或椭圆形，或长方形，并在基座上雕琢各式图案，使之更好地陪衬峰石，丰富周围的景观。

（一）古华轩前两侧的置石

第一景区中古华轩是院内的主体建筑，它是一座敞轩式建筑，其周围山势起伏绵延，峰峦环抱。从创造园林景观的角度观察，景区内需要留有较大的空间，因此轩的周围必须避免高大突兀的陈设和景物出现。故于轩前东西两侧各置一块峰石，使之与周围环境相和谐。

石体高 0.6 米，纹理丰富，横向展开。两座峰石下部都是小巧空灵、透雕水纹的椭圆形基座与峰石相配，宛若一对秀美多姿的盆景，摆放于轩前显得极为得体。加之轩前还有一株古老的楸树和松柏，共同构成优美的景观，别生佳趣。

宁寿宫花园古华轩小院的流杯渠 李玉祥摄

（三）倦勤斋小院的置石

第四景区在符望阁后倦勤斋院内四角虽然也各摆放一块峰石，但与第二景区遂初堂院内四角的峰石摆放有所不同。因为此院的平面是南北短东西长，其东西有低矮的游廊，所以斋前摆放的两块峰石不仅低矮，且石形和纹理也向东西横向展开，基座也同样为东西向的扁长型。特别是峰石的石体嶙峋透漏，为院内增添了自然情趣。

倦勤斋院前是高大的符望阁，为了与此环境相称，院南面的东西两个角落各摆放了一块 2.5 余米高的峰石，石体和纹理在选择上也别具匠心。其东面角落置一块木化石，西面角落则置放一块较为规整的石体。这两块峰石共同的特点是石体粗壮，纹理也随着石型而呈纵向，特别是东侧的木化石，是呈黄带绿含有褐色的石体，色彩极为丰富，石体的纹理以大直丝为主线，间有横向小波纹，因此更显得峰石厚重粗犷，衬托得主体建筑符望阁愈加壮丽。

宁寿宫花园倦勤斋南侧小院 柳叶氘摄

宁寿宫花园倦勤斋前的赏石 李玉祥摄

宁寿宫花园遂初堂中的灵璧石 柳叶氘摄

（二）遂初堂院内的置石

第二景区遂初堂庭院的布局是一正两厢加抄手游廊，前有垂花门相互串通的三合院格局。院内四角在正方形须弥座上各置一块玲珑剔透的湖石。由于此院内都是单层较矮的建筑，因此湖石体型较小，基座也相应较矮，湖石和基座通高 1 米余，加之湖石体型偏长，纹理丰富美观，避免了院内出现死角，又补齐庭院之空疏。

在遂初堂院落垂花门里假山的背后庭院当中，正对遂初堂明间的房门，迎面摆放一块特殊的青玉峰石，其上雕琢纹饰图案，图案下部是小桥流水，上部则是神态各异的三只小羊在山坡上嬉戏，寓意“三阳开泰”。峰石之下的长方形须弥座上雕饰水纹，与峰石的画面连为一体，成为景区的点睛之笔。

宁寿宫花园古华轩外的奇峰迎夏

孔祥哲摄

石之质地以「润」、「清润」、「温润」特别是「坚润」的赏石，扣之有声，清越铿然，如古代以玉石制成的乐器：磬，这背后蕴含着中国文人对「夏、商、周之黄金古代」的美好向往，因此对「坚润」质地的石情有独钟。

舒国治《奇境只在咫尺，为赏玩可得之》载《TAO》

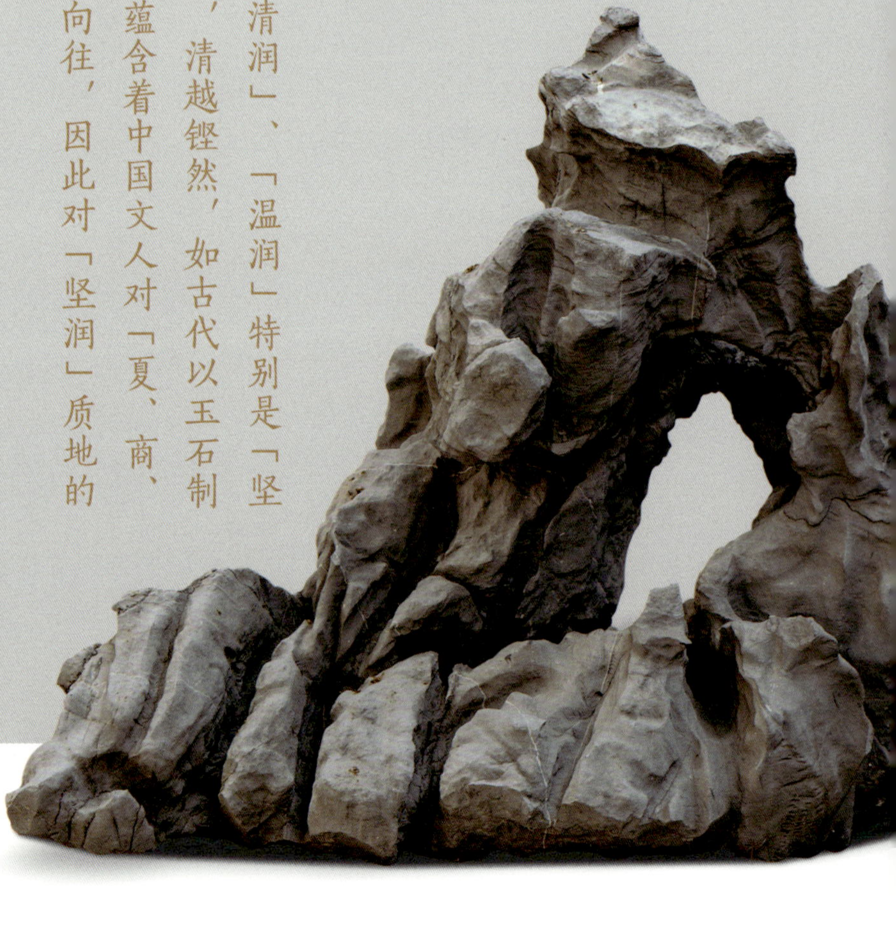

凡物之丑好，生于相形，吾未知其果安在也。使世间石皆若此，则今之凡石复为「怪」矣……故夫天机之动，忽焉而成，而人真以为巧也。虽然，自禹以来怪之矣。

宋 苏东坡《怪石供》

倦勤斋前的赏石 柳叶氘摄

（四）符望阁前庭的置石

第四景区的符望阁距南面的假山仅 5 米余，其东面是高大的颐和轩如亭，这样便形成了南北窄而东西狭长向西开敞的符望阁前庭空间，在阁前台阶的东西和迎面各摆放一块峰石，这三块峰石虽然体型都不高大，也无玲珑透漏之美，但却另有意趣。其布置手法巧妙，并依据地势环境的不同而选择石型。例如阁前台阶西侧由于接近前庭的中部，空间较为开敞，又是视点明显之处，因此选择的石型也格外惹人注目。所用的湖石体型既不规整，也不匀称，石体由于受水中风浪的冲激磨蚀而周身形成明显的波痕凸凹，呈现出无规律的层层叠叠之状，纹理向四周扩展，有很强的观赏性。而阁对西靠近假山摆放的峰石通体涡洞，峰石的顶端则向东侧逸斜下去，呈上大下小的造型，分外别致。

符望阁前台东侧的峰石从正立面看，总体态势大幅度地向西扭斜，偏离了全石的轴线与重心。石体通身的褶皱和突出的石脉也随着石体形状宛转地斜向前方，呈现出升腾的态势，极富动感。微观细看，灰白色流畅的细线随着石体的纹理又生出一块顽石，很自然地顺势补以根基，这样就使整体石型又归复于重心，得以保持体态的平衡，充分表现出峰石极富情趣的曲线美。

符望阁小院中置放的三块峰石 柳叶氘摄

宁寿宫花园符望阁南侧的赏石
柳叶氘摄

奇石美学的核心，正在于对各种诉诸人类中心的概念加以迎面痛击，而这也正是贾瑞怪诞哲学的重点。

仇国瑞《阴阳造化詙诡怪奇》载《TAO》

特别值得称道的是，这三块峰石的基座与山石及周围环境之间关系的处理极为妥帖。如符望阁对面峰石的基座平面为椭圆形，不仅峰石与基座相称，而且与背后的假山也很谐调。阁前台阶两侧峰石的基座则是东西向长方形规整的须弥座，基座这样摆放与阁前庭东西向的狭长空间相一致。而且其周边置以高不足 0.2 米的袖珍式的青铜围栏。峰石在基座的衬托下产生了以矮衬高、以直映曲、以静衬动的艺术效果。这几块峰石虽然造型各异，但它们共同的特点是纹理丰富，动感很强，从而能很好地缓解因为院内周围都是高大建筑而产生的局促和闷塞感，构成虚实相生、动静互补的空间关系，取得极佳的艺术效果。

宁寿宫花园符望阁前东侧的赏石 柳叶氘摄

（五）符望阁东侧的置石

符望阁东侧在回廊曲院中央摆放一块3米多高的峰石，体形匀称，通体涡洞密布，嵌空透漏，纹理丰富。虽然石体高大，但不显笨拙。这块峰石无论是体态，风韵还是气质都可以说是在浑然中见秀美。特别值得指出的是，它并非是天然生成的一整块湖石，而是用几块石料拼接而成。

其妙处在于石体的大面组合恰当，色彩一致，并能根据各湖石的自然纹理和体势将其有机地连为一体，而使粘结的灰浆隐于石缝之内，宛若天然生成一块湖石，与崇高华丽的符望阁极为相称。这个回廊曲院是太上皇的生活区和花园之间的过渡空间，由生活区颐和轩后工字廊向西进入花园正好经过此处。因此设计者特意将这块峰石摆放在最显眼的位置，使它成为进入花园时迎面的“对景”。正如《园冶·门窗》一书中所云：“伟石迎人，别有一壶天地。”

（本文原刊于《故宫博物院院刊》2005年第10期）

作为一个山水画家，石头是我们的模特。石头是自然的，上帝的杰作，千变万化，不同形状，不同质地，不同颜色，不同纹理，更重要的是表现不同的意境和神韵。

王己千《奇石是上帝的创作》载《供石观》

宁寿宫花园符望阁东侧的障景石 孔祥哲摄

独一无二的室内藤萝——倦勤斋内天顶画

文\聂崇正

整个顶棚画满一座藤萝架，爬满藤萝，盛开着蓝紫色花朵，透过藤萝架和枝干花叶，空隙中能见到蓝蓝的天空。

倦勤斋位于故宫宁寿宫花园北端，即今日珍宝馆出口西侧。走进倦勤斋，绕过几个小门，便会发现一处小小的戏台，而围绕着戏台，在戏台北侧墙面以及戏台顶上的天花板均画满了图画。这些图画并不是简单的墙面单幅装饰画，而是与室内整体环境相呼应的整幅图画。这就是现在极其闻名的倦勤斋全景画和天顶画。

我想说说这处奇幻的环境艺术场所被重新发现和修复还原的经过。我退休前，1994年某一天，宫廷部的王宝光来书画部找我，说他所负责的一处存放宫廷文物的库房内墙面上看到了大面积的壁画。于是，在约好的某天，王宝光领了专门的库房钥匙开门，与我一同进入倦勤斋屋内。当时室内光线甚暗，尘土也较厚，里面横七竖八存放着众多家具等物件，一时无从下脚。等到我的眼睛稍稍适应了以后，再抬头看墙面和顶棚，一下子就惊呆了。

倦勤斋室内原状

观者如果站在戏台前面的某一点抬头向顶棚望去，其中藤萝架上的一个花朵，正好悬在头顶上，呈正透视状。

整个顶棚画满了一座藤萝架，架上爬满了藤萝，并盛开着蓝紫色的花朵。透过藤萝架和枝干花叶，从空隙中能见到蓝蓝的天空。藤萝花完全以色彩塑形，不见线条的痕迹，花朵形状依照远近透视而不同。观者如果站在戏台前面的某一点抬头向顶棚望去，其中藤萝架上的一个花朵，正好悬在头顶上，呈正透视状。以这朵花为中心，逐渐向四周远去，花朵也慢慢变成斜的，离这个中心花朵越远的地方，花朵的形状越斜，最远处的花朵几乎是平躺着的样子。但是，当你站在这个点上向戏台方向看去，那些藤萝架上的花朵似乎是朵朵下垂的模样，造成一种奇妙的立体视错觉，简直是太神奇了！

这一处极富神奇妙趣的环境艺术场所，在中国传统艺术中似乎找不到类似的例子，但它与欧洲艺术中的天顶画和全景画却有异曲同工之妙。从绘画样式来看，这组作品也具有十分浓厚的欧洲风味。天顶画在欧洲教堂内是很多见的，它们与建筑物及室内的其他装饰相结合，形成统一的整体。一般在欧洲的教堂天顶画中常见的有飞升于空中的仙女、天使、圣徒等，背景中画着蓝天和白云，当人们站在教堂的地面抬头向上望去，目光似乎不受室内的局限，而是将视线投向无尽的苍穹，引发出一种神秘的宗教感情。

倦勤斋内的这部分绘画显然是受欧洲艺术影响的产物，但是又显然不同于欧洲的类似作品。首先，它没有任何的宗教内容；其次，它不画人物，只画自然景色。

值得说明的是，现在所见的倦勤斋天顶画和全景画是目前存于世的唯一乾隆时代室内装饰画，似乎在清朝也是独一无二的。其实不然，类似装饰环境的做法在乾隆时代比较普遍，只不过其他的有关场所都已损毁，再也见不到了。然而从清宫的档案中，仍可看到很多当时在大内、行宫里采用的如此装饰手法，查阅清内务府造办处档案可发现，宫廷内类似的画幅还有多处，如，乾隆七年（1742）五月二十五日，“画样人卢鉴，姚文瀚奉命帮助郎世宁画咸福宫藤萝架”，同年六月初二日，“建福宫敬胜斋西四间内，照半亩园糊绢，着郎世宁画藤萝”。在宫廷禁城之外也有类似的作品。乾隆十五年（1750）八月初一日，皇帝命令：“西洋人为盘山行宫引胜轩连棚顶满画四面通景”。盘山在今天津蓟县西北，清代在此建有行宫，名为“静寄山庄”。此则档案说得十分明白，这些画幅是“连棚顶满画四面通景”，即既有“天顶画”，也有“全景画”。

造办处档案中提及的咸福宫和建福宫两处室内均画有藤萝架和藤萝花。这两处宫殿都在紫禁城中，咸福宫为西六宫之一，今尚存，但是此宫殿在乾隆之后曾多次改建和装修，室内模样已与乾隆时代大不相同，藤萝架和墙上、天顶上所画的藤萝花等早已不存；而建福宫则连建筑物已成为灰烬了。建福宫原“居西二长街，为乾西五所之一”，于民国十二年（1923），与建福宫连在一起的敬胜斋，因“不戒于火，静怡轩、延春阁一带焚烧殆尽”（《清宫述闻》）。

现在的倦勤斋完全依照敬胜斋的原样建造。乾隆四十一年（1776），皇帝有御制“倦勤斋诗”，其中有“敬胜依前式（自注：此斋依建福宫中敬胜斋为之），倦勤卜后居（自注：将以八旬有五归政后居之）”（《日下旧闻考》卷十八）之句。《清宫述闻》中说及“倦勤斋”时也写道：“此斋仿建福宫中敬胜斋为之。”倦勤斋的建筑物形制完全仿照敬胜斋，而档案内写明敬胜斋中绘画有藤萝架和藤萝花，所以可以推断目前现存倦勤斋内墙上和天顶部分的藤萝花也应当是仿自敬胜斋，二者极为相似，甚至是完全一样的。

清宫陈设中的紫藤花装饰

修复后的天顶画原样回贴，再现室内藤萝景观

由于当时倦勤斋内堆放不少东西，没有来得及细细观看，但在那一刻我就决定对这处宫中绝无仅有的艺术珍品加以研究、发表，后撰成《记故宫倦勤斋天顶画、全景画》一文，刊于 1995 年第 3 期的《故宫博物院院刊》。随后，芝加哥大学的美术史教授巫鸿（亦为我中央美术学院美术史系的校友）特意约我将以上文章缩写，由他翻译成英文，刊发在《Orientations》1995 年 7、8 月号。由此，倦勤斋便为更多的海外同行们所关注，并且由此引发了对倦勤斋建筑物及内部装饰的全面整修工作，而且这项整修工作还成为北京故宫博物院中外合作文物修复工作的试点。

由于长年缺乏管理及修缮，倦勤斋内外当时已呈破败景象，整修工作起步维艰，用了较长的时间进行方案的商讨。从 2002 年开始，北京故宫博物院和世界建筑文物保护基金会（The World Monumenes Fund）合作，对倦勤斋做了全面修复，建筑物中的天顶画、全景画及其他室内装修按照“修旧如旧”的原则揭下重新加固裱贴。该项工作已在 2008 年 11 月完成。

清人画 弘历古装行乐图轴 故宫博物院藏

博物爱石——乾隆皇帝与观赏石

文／王钊

赏石没有「创作者」，对石的欣赏本身就是一种创作。赏石是明清皇家赏石文化传承至今的载体。

清代康乾盛世，社会物质财富极大的积累，南方因为文化与自然环境得天独厚，延续了明末兴建私家园林的风尚，园林中放置优良的观赏石仍然是建园的重要考虑因素。生活在北方的乾隆皇帝曾经六下江南，江南各具风格的园林景观成为了他建造皇家园林的效仿对象。蕴含了文人气质的观赏石一定给乾隆皇帝留下了深深的印象，他不仅在诗文中多次吟咏，更是不遗余力地在扩建的皇家园林中放置各类观赏石。至今北京故宫以及周边的清代皇家别苑还挺立着他那个时代放置的众多观赏石。

对于帝王喜爱观赏石，其实乾隆帝早期还是很谨慎对待的。他在未登基之前就曾批判性地评论过宋徽宗的"花石纲"："江南花石新编纲，舳舻衔尾运汴梁。延福五位争工巧，地狭更廓皇城墙。深壑崭岩极险邃，难妨驰突燕山骑。徽庙精思百艺能，如何独昧经邦智。"（《乐善堂全集》卷二十）在这首诗里他对宋徽宗"诸事皆能，独不能为君耳"做了深刻的诠释，"花石纲"的历史教训也对他在日后兴造皇家园林移置观赏石方面有一定的警示和抑制作用。

一、园中的北太湖石

鉴于宋徽宗当年“花石纲”造成的国家败亡，乾隆帝虽然也很喜爱园林中的观赏石，但他并没有大规模地从南方征集，而是因地制宜地在皇家园林中大量采用北京周边地区所产的观赏石，这样不仅减少了长途搬运巨石的困难和民力耗费，也使得他可以更加心安理得地欣赏佳石。乾隆帝关注最多的北方观赏石莫过于产自北京房山地区的石灰岩。这种产自北方的山石当时并没有南方太湖石的知名度高。乾隆帝是这样评价的：“南方石玲珑，北方石雄壮。玲珑类巧士，雄壮似强将。”（《御制诗四集》卷三十一）对于一个马上夺取江山的北方少数民族来说，北方的观赏石似乎更加符合满族的民族气质，乾隆帝将其比作强健的将士，也是对北方观赏石最大的赞许。

房山石确实不负众望，的确可以堪称北方雄浑大气的观赏石，单单一块“青芝岫”就夺得了中国园林中最大观赏石的桂冠。乾隆帝于十六年（1751）在途经良乡时发现了这块当年米万钟遗弃在路边的巨石，当时就慧眼识珠，认为它是一块可以同南方太湖石相媲美的奇石。之后将

御花园中的假山石 柳叶氘摄

其运至清漪园乐寿堂前，并赐名“青芝岫”。他在特为此石所写的诗中更是称赞道：“谁云南北物性殊燥湿，此亦有之、殆或过之无不及。”（《御制诗二集》卷二十八）“青芝岫”的出现使北方也有像太湖石一样优秀的观赏石更有说服力。此后他更加留意房山地区出产的观赏石。

乾隆四十年（1775），他又在房山地区觅得了另一块绝佳的巨型观赏石。这就是当时被置放于圆明园文源阁前的“玲峰石”。这块石头更是以玲珑多孔窍而著称。乾隆帝在其所做《再作玲峰歌》中极赞此石“岫横峰竖各适用，造物生材宁可舛？体大器博复玲珑，八十一穴过犹远。”（《御制诗四集》卷三十一）玲峰石孔穴玲珑剔透，已经超出了宋代米芾所藏“皇山石”上81个孔穴的记录。中国古人在对观赏石进行评价时，石体上的孔穴已经成为了重要的评判标准，丰富的孔穴可以使石头显得透漏灵动。更重要的是古人认为“石为云根”，天上的云气正是生于这些孔穴之中，孔穴也正是石头灵气所钟之处。《聊斋志异》中《石清虚》一篇所讲的那块灵石周身共有九十二窍，它的奇异之处正是“每值天欲雨，则孔孔生云，遥望如塞新絮”（《聊斋志异》第二十三卷）。

乾隆帝深信北方的大山中有着更多可以与南方太湖石媲美的观赏石，而且他也相信但凡绝佳的观赏石一定是“有奇必偶斯为伴”(《御制诗四集》卷三十）。他认为观赏石也像其他事物一样是阴阳相合、奇偶相配的，能够找到一块观赏石一定还会有另一块与其相配。事实上他真的在房山找到了认为可以与上述两块观赏石相配的石头。米万钟当年移运“青芝岫”时，也一并运了另一块观赏石，之后两者俱被遗弃。这就是后来被乾隆帝运至圆明园放在时赏斋的“青云片”。“青芝岫”与“青云片”被乾隆帝并称为“大青小青”。而与“玲峰石”相配的则是同时期在房山发现的“文峰石”，这块观赏石被乾隆帝放置于准备晚年还政养老的景福宫门口。

以上这四块著名的皇家观赏石均是产自房山的巨石，搬运至皇家园林里也非易事，所以乾隆帝放置这些观赏石时还是有过一番检讨的。他曾在《再作玲峰歌》中说道，写这篇诗文的目的实际是“作歌箴过非颂善”，但他其实内心还是很矛盾的，在房山地区搬运了这么多大型观赏石还是需要给自己一个合适的解释的，比如他作诗道：“宋家花石昔号纲，殃民耗物鉴贻后。岂如畿内挺秀质，弗动声色待近取，抑仍洁矩于人材，政恐失之目前咎”（《御制诗四集》卷三十四），他认为自己在园林中置放观赏石还是吸取了“花石纲”劳民伤财的历史教训，所以还是很低调地在京畿附近搬运巨石，而且所花的费用也只是“略发内帑给雇值”。不过经过乾隆帝的盛赞和大量使用，房山所产的观赏石也开始名扬四海，成为了可以同南方太湖石分庭抗礼的“北太湖石”。

景福宫前文峰及其上的乾隆帝题刻 李玉祥摄

中国的供石正在现代人的情感世界中寻找自己的位置，部分原因是我们现在知道了它们的来龙去脉，可以根据它们自身的价值来理解它们。

Richard Rosenblum《世界中的世界》

二、奇趣的生物化石

皇家园林里除了放置一些传统审美趣味的观赏石外，经常也会放置一些很有奇趣的生物化石，至今在故宫的御花园中还放置着一些硅化木和珊瑚化石。乾隆帝当年就对这类生物化石倍感兴趣，兴致盎然地写下了许多诗作来记录这类有趣的观赏石，其中他着墨最多的就是“木变石”。

1

2

3

4

1.《海错图》中的珊瑚树
2.《海错图》中的石珊瑚
3.《海错图》中的松花石
4.《海错图》中的鹅管石

御花园中的羊肚石（珊瑚石） 李玉祥摄

木变石

木变石就是我们现在所说的硅化木，它是远古时期的木本植物被掩埋后，在低温、高压的密闭环境中，植物体内的碳元素与周围环境中的二氧化硅置换而形成的一类化石。因为元素置换后化石仍保留原来树木的结构样貌，所以古人误以为它是树木生长到一定年龄之后被石化而形成的。古人理解的这种石化是万物相互转化，夹杂着不可知论的成分，并非是指上面提到的元素置换的科学现象。因为这类硅化木多是侏罗纪时代的裸子或真蕨类植物通过地质演变而形成的，古人挖掘出来之后发现化石表面具有松树树干纹理，所以也称之为“松化木”。

乾隆帝在皇宫里最早见到的硅化木石是他还未登基前在中南海的瀛台见到的一块园林置石。他似乎对这块硅化木很感兴趣，之后还写过几首题咏的诗，并为这块前明时代留在瀛台的奇石不知源自何处而深感遗憾。黑龙江将军福僧阿进贡了一块硅化木，一来因为这块硅化木产自清帝的故乡东北地区，二者这块奇石“长六尺余，森立介如”，令他十分惊喜。之前吐鲁番哈密地区每年也来进贡硅化木，但是长度都不超过一尺，而这块“长且逾寻，天然一峰也”。乾隆帝在见到帝乡所产的奇石之后还兴致勃勃地解释为何黑龙江能产出这么大硅化木的原因：“盖其地土厚殖丰，扶舆之气磅礴郁积，树生期间有雨露之养，无斧斤之伐，阅岁既久，遂尔成石，岂非灵秀所毓。自全其天乎。”（《御制诗三集》卷五十四）他巧妙地通过对这块福僧阿进贡的硅化木赞美了东北帝乡的钟灵毓秀。现在这块观赏石就放置在故宫御花园绛雪轩前凭人观赏，石身上镌刻着他题赞的律诗，至今还依稀可辨。

长六尺余，森立介如。
长且逾寻，天然一峰也。

宁寿宫花园倦勤斋前的木变石

蟹化石 故宫博物院藏

鱼化石 江泓摄

鱼化石

除了木化石，清宫以前还藏有一些鱼化石。清宫对鱼化石的关注其实从康熙时代就已经开始了。康熙帝经常巡幸蒙古地区，曾在内蒙古的喀尔沁地区发现过鱼化石，还饶有兴致地将其收集加工成文玩置于几案间观赏。这件事情他详细记载于自己编著的博物学汇编《康熙几暇格物编》中。

乾隆帝也曾出巡过塞外蒙古。他在土默忒部落见到过当地人在撒哈河滩发掘到的鱼化石。对于这种在干旱草原上出现的水生动物化石，他有着自己独到的见解："是地昔必潦水滋，水退鱼存僵淤泥。岁久土变石理宜，试看易剖片片披。"（《御制诗二集》卷五十一）他的这种观点与宋代杜绾在《云林石谱》中解释"鱼龙石"的成因不谋而合，且这种观点已经很接近现代地质学对这类古生物化石成因的科学解释。乾隆帝同样也将这种奇特的化石加工成工艺品进行观赏。他利用这种化石具有沉积岩层层叠加的特性将其加工为屏风样式。化石中的鱼形依旧保持着鲜活的动态，一点也不逊于元代王振鹏所绘的《鱼藻图》。此后乾隆帝在今天山东半岛的蓬莱地区也见过类似的鱼化石屏风。由此可知当时中国已经有多个地方开采并利用这种化石。康熙乾隆两帝对鱼化石的关注、观赏和加工，促进了中国人对这类化石标本的认识和利用。这也将改变西方人最先研究中国古生物化石的观念（梁晓东、梁晴：《康熙、乾隆皇帝对化石的研究及化石文化》，渤海大学学报，2012 年第 5 期，第 87~90 页）。

乾隆款仿英石山子及其底款
故宫博物院藏

弘历瑞石洞诗并图轴
故宫博物院藏

三、文玩观赏石

除了上面已经讲到的大型园林观赏石和生物化石外，乾隆帝曾经还把玩过很多小巧精致的文玩观赏石。所谓文玩观赏石就是指那些体量并不是很大，可以随手把玩或放置于室内的观赏石。这类观赏石因为可以随手触摸且方便移动，所以在清宫室内陈设中占据了很重要的位置。但长久以来这种缺少人工雕饰的自然收藏品很少被人关注，只好依据乾隆帝的文字记载一窥当时清宫中收藏的文玩观赏石。

瀚海石子

在这类文玩观赏石中较早出现在乾隆帝诗文中的是一种称为“瀚海石子”的观赏石。乾隆帝在其《瀚海石子歌》中说：“昔闻瀚海石子奇，近日几席得玩之”，他看到的瀚海石子是“开匣忽睹光离离……红如珊瑚碧琉璃，硬黄深青各有差，大如鸡卵未剖时，小如钗上粉珠玑。亦有奇峰异壑姿，天然那事追逐施。”（《乐善堂全集》卷二十一）。他在未登基之前写了这首诗，由此可知他很早就知道了这种观赏石。查阅古代石谱极少有关于瀚海石子的记载，但是在康熙帝所著《康熙几暇格物编》中却有对这种观赏石的详细记载：“瀚海沙中生玛瑙石子，五色灿然，质清而润，或如榴房乍裂，红粒鲜明；或如荔壳半开，白肤精洁。如螺、如蛤、如蝶、如蝉，胎犀分显，眉目毕举。三年刻楮之巧，未能过也。又有白质黑章若画，寒林秋月，雾岭烟溪，以至曳杖山桥、放牛夕照之景，宛然化笔。朕亲征额鲁特时，检得数百枚，赋形肖像，奇奇怪怪，莫可敷陈。造化生物之巧，一至此乎！”（《康熙几暇格物编》）由此可知，瀚海石子是产自西北戈壁的一种玛瑙质的石头，因为地处荒僻极少有人知晓。康熙帝曾经亲征西北，在途经戈壁的时候发现了这类美丽的石头。他曾经还在康熙三十五年（1696）五月初十发给皇太子的上谕中说：“……此处并无何物，唯有沙石。值歇宿之际，命小太监取石，以水淘选各色石，一匣送之。”（《康熙朝满文朱批奏折全译》）

通过康熙帝的介绍，这种远在西北戈壁的五彩石子传入清宫，乾隆帝当时所听闻的信息很有可能就来自《康熙几暇格物编》。乾隆帝说他最终获得的瀚海石子是在西北边陲从军的故人相赠的，仍用匣装。在他那有感而发的《瀚海石子歌》末尾他动情地说：“感君赠我置芸帷，长日静对心神怡。高歌消得梧日移，吁嗟故人知不知。”（《乐善堂全集》卷二十一）从他睹物思人的动情言语中可以猜测，他口中这位赠石的故人应该是与他关系亲密的好友，通过史料查阅我们可知这位故人极有可能是平郡王福彭。这位郡王曾在雍正六年（1728）被挑选入宫陪未登基的弘历读书，他们同窗相伴六载，友情深厚。雍正十一年（1733）25岁的福彭被雍正帝任命为定边大将军，掌管清军与准噶尔战事。在这段分别的时间里弘历写下了许多赠别福彭的诗文。深处西北的福彭很有可能在此时与弘历相互应酬，送给了他这匣西北边疆戈壁所产的瀚海石子。小小的石子反映出了年轻时代的弘历对朋友间真挚友情的珍惜，这在当时波谲云诡的权利斗争背景下显得极为难能可贵。

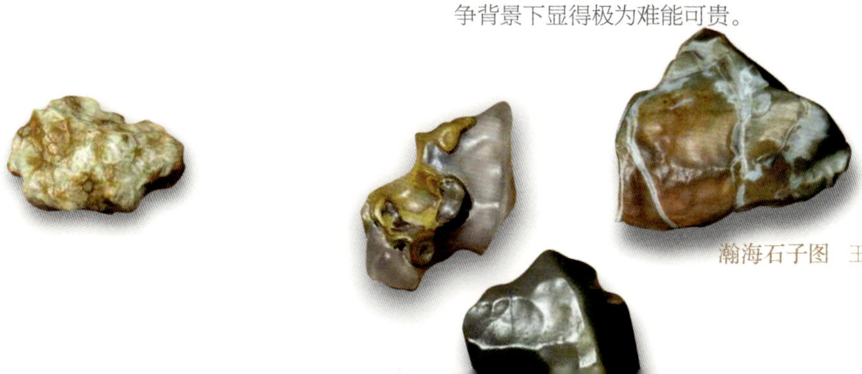

瀚海石子图　王革摄

灵珀

乾隆帝手中还有一件神奇的文玩观赏石“灵珀”。之所以称其为“灵珀”，那是因为这块琥珀有着一种特异功能，乾隆帝称“内府藏琥珀中有小草，茎叶花萼随冬夏二至以渐荣枯，谓之‘灵珀’”（《御制诗二集》卷四十三）。这样神奇的琥珀在乾隆帝看来并非是寻常的珍玩，这块具有灵气的琥珀可以和传说中的指佞草“屈轶”、嘉禾这些祥瑞植物相媲美。这种神奇的琥珀听起来很荒诞，但是当时陪伴乾隆帝左右的翰林学士钱维城也亲眼见过，他在《灵珀诗》中写道：“水晶为质火齐光，中有神葩开应节……敷荣委箨协分至，收摄元化含纯精”（《茶山诗钞》卷二）。由此可见这块琥珀似乎真实存在，只是现象被当时的人误解和夸大了。中国古代文献中也记载过一些“灵珀”，比如《拾遗记》中记载：“汉武帝宝鼎元年，四方贡珍怪，有琥珀燕，置之静室，自于室内鸣翔。”郭宪《洞冥记》也载：“武帝宫人丽娟以琥珀为佩，置衣裾里，不使人知，云骨节自鸣，相与为神怪。”据地质学家章鸿钊推测以上这两个故事中的神异现象都有可能和琥珀摩擦起电的性质有关（章鸿钊《石雅·宝石说》）。古人很早就观察到“琥珀拾芥”的现象，琥珀由于摩擦后会带有电荷，所以会吸引一些细小的物体，如尘埃、羽毛等。乾隆帝的那块“灵珀”是一块包裹内含物的琥珀，在被触碰或偶然摩擦的过程中会带有电荷，之后可能影响了其中内含物的形态，因此被人视为神奇现象。至于内含物依据冬夏两至而枯荣变化，极有可能就是对这种表观现象的夸大。

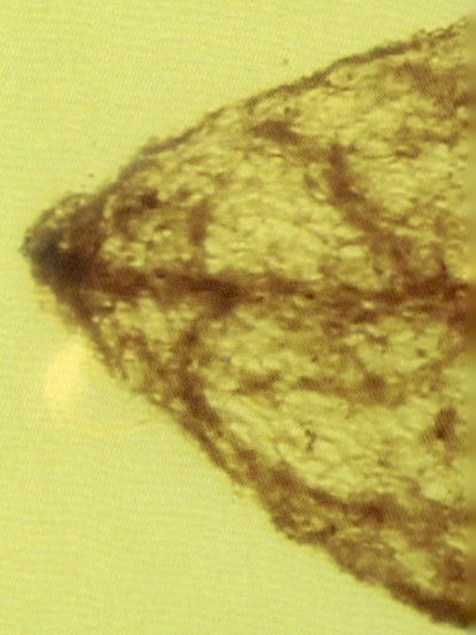

琥珀山子 故宫博物院藏

灵珀的实物现已不存，只能借故宫博物院藏的琥珀山子和缅甸琥珀想象它的神奇。

琥珀中的植物为龙脊花
（Tropidogyne pikei）张巍巍摄

缅甸琥珀
白垩纪晚期约 1 亿年前 张巍巍摄

御花园中的喷泉石座 李玉祥摄

御花园中的喷泉石景，其意趣和当年乾隆帝拥有的上水石盆景异曲同工。

上水石

乾隆帝曾经还拥有过一种称为“上水石”的小型盆景石，他在《赋得上水石》中说：“湖石一卷高可盈尺，上正平而下峭削。具奇峰，势玲珑皱透，洼如窍如。承以瓷盆，汲清泉浸之，水气潜引，由跗及巅，津润若沃，故得‘上水’之名矣……”（《御制诗三集》卷八十二）他将这种奇特观赏石的特征描述得很详细。由此判断上水石应该就是一种石灰岩，其形成机理是因为有些地区的泉水中溶解有碳酸钙成分，泉水在流动过程中受到周围环境变化的影响，水中的碳酸钙就依附水中的草木而沉淀下来，最后形成疏松多孔的岩石。这种岩石因为疏松多孔，下部的水分会通过毛细作用被吸到石头顶部，所以形成了“上水”的现象。正是由于这种特性可以使石面总保持湿润状态，所以在石隙间种植植物很容易成活，它就成了制作山水盆景的绝佳材料。

乾隆帝虽然不知道上水石的科学原理，但他称赞上水石“器虽匪圭碧，品合拟珠玑”，并以此引申出使人深思的哲理，“夫虚而能受，逊而能升。自下上上，有相须之义焉，即小喻大可也……”（《御制诗三集》卷八十二）通过一块玩赏的石头乾隆帝也可以升华出虚怀若谷，以退为进的道理。这正是中国传统博物文化追求的境界，金石昆虫、草木鸟兽俱是世间至微之物，但是它们之中却隐含着天地之大理。孔子当年告诉学生读《诗经》可以“多识于鸟兽虫鱼之名”，这种博物学式的训练最重要作用或许正是可以更好地理解“迩之事父，远之事君”这种人伦大道。封建时代的文化人正是这样做的，他们的咏物诗无不做到了“其称文小而其旨极大，举类迩而见义”，乾隆帝深受这种传统儒家文化的影响，也能从这小小的观赏石中见微而知著。

上水石 吴志华摄

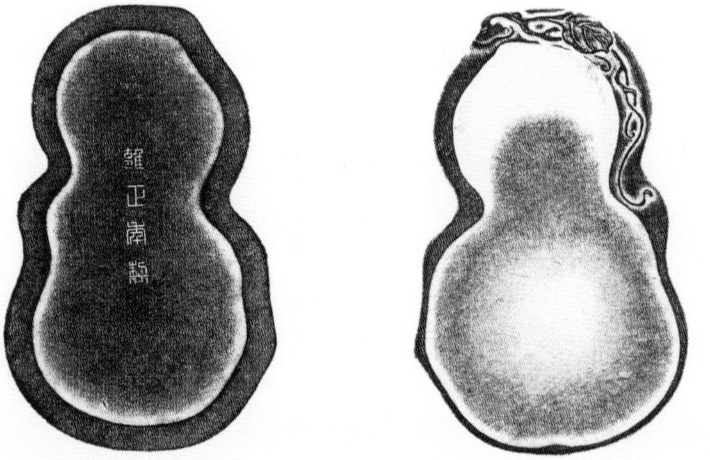

御铭松花江石匏形砚拓片 故宫博物院藏

御铭松花江石钟式砚拓片 故宫博物院藏

松花玉

松花玉是产自东北长白山地区的一种观赏石。它属于沉积岩，准确讲应该称作“松花石”。但由于这种观赏石产自帝乡松花江的源头，所以历来深受清代帝王的青睐，将其美誉为“松花玉”。松花玉在清代是东北地区的贡品，其主要用途是制作成砚台。乾隆帝对用这种石材制作的砚台十分钟爱，将许多清宫制作的松花砚都收在了当时编修的《西清砚谱》中。松花玉除了用于制砚，由于石质纹理优美，乾隆帝还命人将其磨制为松花玉石屏。对于这种新材质的石屏他赞其“含奇韫灵正此时，疑有烟云绕江水。制为石屏声荆玉，非夸雕琢夸淳朴”（《御制诗初集》卷六）。在他看来这种松花玉石屏朴素而不华丽，蕴藏了龙脉之地的灵气，是难得的珍宝。

东北地区的特产除了具有实用价值之外，另外还具有很强烈的政治色彩。它们承载着宣扬清王室统治合法性的使命。东北物产丰饶，对清帝而言这正是磅礴郁积的王气最直接的象征。用王气所钟的东北特产来彰显王业的绵延兴盛，从康熙帝对东北人参的赞美再到乾隆帝对松花玉的盛誉，均是清帝惯用的政治手段。由此看来乾隆帝对松花玉的喜好并非仅仅停留在审美的层面。

御铭松花江石匏形砚 故宫博物院藏

御铭松花江石钟式砚 故宫博物院藏

清人画 弘历岁朝行乐图像 故宫博物院藏

四、总结

乾隆帝作为一位饱受中国传统文化熏陶的少数民族君王，在对待观赏石方面有着同当时文人士大夫一样的审美趣味。作为帝王，他用自己的权利收集了许多精美的观赏石，但是他也告诫自己不能重蹈宋徽宗“花石纲”的覆辙。他对赏石的 喜爱始终夹杂在矛盾之中。乾隆帝爱石，但早已超越了宋徽宗对祥瑞和审美的追求，他的赏石思想中既有对生物化石成因的科学求索，也有着瀚海石子传达的人伦情怀；他可以通过小小上水石传达哲理思考的儒家思想，更会利用赏石进行巧妙的政治宣传。

今天我们漫步在北京各处清代的宫殿园林遗址中，目之所及还是能看到许多乾隆帝当年放置的观赏石，这些石头装扮着美丽的宫廷。它们有的周身还镌刻着乾隆帝和翰林文士的题咏诗句。石已经默默伫立百年，文字也已逐渐湮灭，但这些承载着乾隆帝美好愿景的石头已经成为中华文化中不可或缺的宝贵财富，似乎它们真能产生袅袅上升的云霞，这云霞就是中华文化生生不息的绵绵相传。

标本
基因与复制

木与石，是自然界映照于人心的标本。木的姿态、石的褶皱，经由心的熔炼，化作对世界的关照。故宫藏的文物，是对木与石这对文化基因复制与裂变旅程的记录，而当代艺术家又在「遗传」和「变异」的过程中驱动着观念的进化。

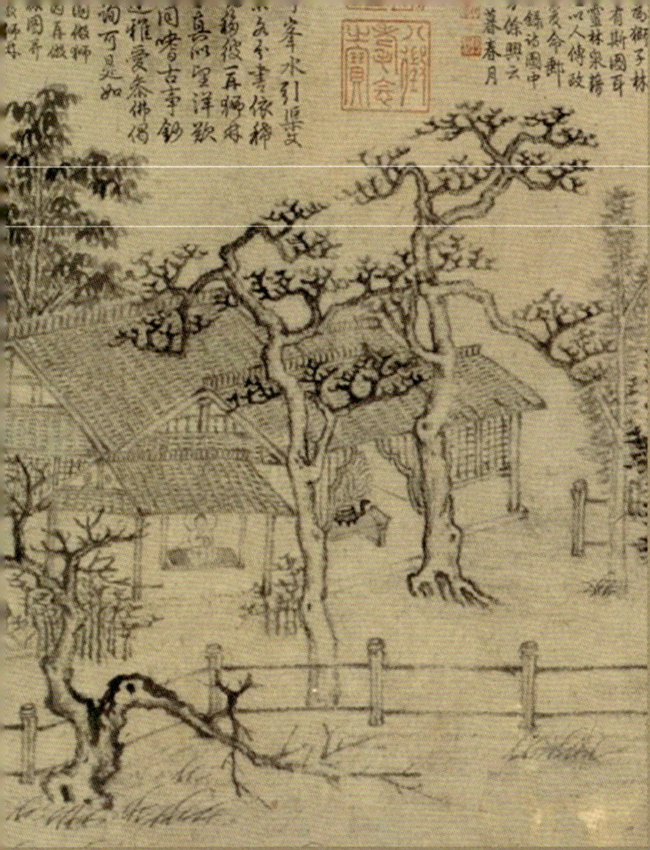

不死之物——枯木怪石的世界

文／黄小峰

古人在造园的时候，是否会有意识地把枯树作为园林景观呢？

御花园内的古柏与枯木 秤乐摄

一

紫禁城御花园里有不少姿态奇特的枯木。累累树瘤被数百年间经过此地的人——说不准也包括明清的皇帝们——摸得光可鉴人。与这些枯木合影，变成游客们的固定节目。倘若恰有乌鸦鸣叫，瞬间便会让人们感觉到历史的厚重存在。不过，这些供今人寄托怀古之思的枯树并不是当年景象，换句话说，明清两朝的皇帝们根本不愿意在紫禁城内看到枯树的存在。存世的明清宫廷绘画向我们展示了紫禁城与皇家园林的若干片段，几乎看不到任何枯木。明代前期宫廷画家绘制的几幅表现宫廷生活的长卷，包括《元宵行乐图》、《宣宗行乐图》、《御花园赏玩图》、《四季赏玩图》，是观察皇家园林景观的绝佳图像。学界曾争论画面描绘的究竟是明宣宗还是明宪宗，但多数证据都指向宪宗（1464—1487 年在位）。

《宣宗行乐图》中的“连理柏”
故宫博物院藏

以《御花园赏玩图》为例，画中描绘了皇帝于御花园游玩的八个场景。那些姿态各异的苍松翠柏的确是御花园的主要景观，无一例外都郁郁葱葱，搭配同样葱茸的槐、柳、芭蕉、翠竹。不知道在皇帝眼里，草木繁茂是否代表国家欣欣向荣，但可以肯定的是，具有祥瑞意义的景观是宫廷所必需的。画中有两株交错在一起的柏树，正是所谓的“连理树”。早从汉代起，连理树的出现就被视为上天对贤明君王的嘉奖。《晋中兴书》的“征祥”篇中说：“王者德泽纯洽，八方同一，则木连理。连理者，仁木也。或异枝还合，或两树共和。”图中描绘的就是“异枝还合”的连理树。巧的是，在定名为《宣宗行乐图》（故宫博物院藏）的另一幅画中，也有一组“异枝还合”的连理树，同样是柏树。这组连理树出现在捶丸的场地。这里有大片空地进行运动，或许不是御花园，而是紫禁城西边的另一片皇家园林“西苑”，即今天的北海和中南海。在今天的御花园里，正可以看到一组连理的古柏——它们是皇家景观的核心。

今天御花园的连理树，大约是清代中后期所植。清代的皇帝们和明代的皇帝们一样，也不会希望看到皇宫中和皇家园林里有饱经风霜的枯木。树枯了，就会被移走，替换新的树木。不过，皇帝的艺术趣味里却并不排斥枯木，清朝最有名的艺术皇帝乾隆帝在1757年画了一幅《枯木竹石图》（首都博物馆藏）。在现实世界里，皇帝拒绝枯木；在艺术的世界里，皇帝却需要枯木。枯木对他而言，代表汉人文化的一个重要传统。他在画上题写了对于这种题材的认识："枯木竹石之作，昉于东坡。盖名流墨戏，文章翰墨之余，自然流露发见耳。"乾隆皇帝的认识也是如今人们的流行看法，即这类画作属于"枯木竹石"。描绘枯木、怪石和墨竹的组合，是北宋文豪苏轼（1037—1101）的创造，属于文人在正事（学术和文学）之外的图画游戏。乾隆帝仿"枯木竹石"的意义在于，这也是他在正事（当皇帝）之外的图画游戏。乾隆帝的发挥还在于，他把这种"枯木竹石"的描绘与特定时间联系起来。他是在腊月里画这幅画的，显然，画的目的是为了迎接新春。如此说来，画中奇石旁的枯树并不是枯死的树，而是冬天树叶凋零的树，新年到来，又将会再次茂盛。这就是乾隆在自题中所说的"自觉天机盈溢"之所在——万物遵循着时间的规律，周而复始，生生不息。

乾隆皇帝的画面里，土坡之上，矗立一块奇特的石头，掩映几丛不凋的翠竹和一株木叶尽脱的大树。这个场景究竟是在野外还是在园林之中？从石头造型来看，是一块园林中的观赏石，场景与其说是野外，毋宁说是园林一角。说得更清楚的是画上大臣介福的题诗，其中“御园结嘉景，古致森可掬”一句明白无误地暗示出这个场景被视为皇宫中御花园里的吉祥景致。不过，画面的构图，很难想象是来自于御花园实景，甚至也非直接来自于苏轼，而是来自于对元代绘画中“枯木竹石”流行样式的模仿。皇帝的花园里不需要真的枯死的树。哪怕寒冬到来，御花园里的槐树、柳树等落叶树树叶尽脱,但这些经冬而枯的树也只有在“枯木竹石”这个绘画空间中才能够获得意义。皇帝感兴趣的不是真的枯树景观，而是对枯树的文化想象。

古人在造园的时候，是否会有意识地把枯树作为园林景观呢？鉴于明朝以前的园林鲜有留存下来的实例，光从对于历史中著名的皇家园林和私家园林的记载里，很难得到确切的认识。历代绘画中，尤其是宋元绘画里，保留下来的对于园林的描绘，大多也不见得是实景，所以对于这个问题，恐怕很难会有确切的回答。南宋刘松年的《四景山水图》(故宫博物院藏)，大约描绘的是四季里不同的园林景象，不是具体的园林，而是当时美好园林的集合。即便是在冬景中，点缀庭院建筑的主要景观也还是苍翠的巨大松树和雪竹。几株凋落的落叶树的树梢只在建筑物后面隐现。根据姜斐德(Alfreda Murck)的研究，传为另一位南宋宫廷画家马远的《春游赋诗图》(纳尔逊－阿特金斯美术馆藏)有可能意在表现南宋张镃的私家园林。院子里松柏古树和梅、柳不少，但没有一棵是枯树，而是显出苍翠的生意。园林是个充满生机的所在，正如《牡丹亭》中杜丽娘的欢呼：“不到园林，怎知春色如许？”

《四景山水图》中所见的冬日庭院 故宫博物院藏

元 倪瓒 狮子林卷（画心）
故宫博物院藏

始建于元代的苏州狮子林是汉族古典私家园林的典范，为乾隆帝所称赏，也成为北方皇家园林造景写仿的重要对象。

二

最早在园林——或是对园林的表现——中看到对枯木的欣赏可能要晚到明代前期。在乾隆皇帝所宝爱的古代绘画中，有一幅传为元代画家倪瓒的《狮子林图》（故宫博物院藏）。尽管是一件摹本，但依然被认为是了解苏州著名园林狮子林在元代时面貌的窗口。其实，元代的狮子林是一座禅宗寺庙的园林，由高僧天如惟则（1286—1354）的弟子们出资兴建，以供奉禅师居住和讲经说法。“狮子林”一说得名于寺中状如狮子一样的怪石，一说是为纪念惟则的师傅中峰明本，明本曾在西天目山的狮子岩说法。大片的怪石在画面中确实是表现的重点，出现在画卷的尾部。不过，怪石却差一点要被一株枯树抢了风头。这株枯树苍老虬曲，老干上分出两枝，像人的两臂，一臂指天，一臂指地。它旁边，就在进入园中主要建筑物的入口，还有另两株高大的枯树，就像双阙，守住入口。根据流传下来的天如禅师的《狮子林即景十四首》组诗，可以知道这株虬曲老树是一株古梅树：“林下禅关尽日开，放人来看卧龙梅”、“斜梅势压石栏干，花似垂头照影看。白昼云阴天欲雪，半池星斗逼人寒”。按照天如禅师的描述，这株“卧龙梅”只是老迈，尚没有枯死，而依然能绽放花朵，在当时就是狮子林的一景，常有香客来参观。它和其他两株树被画成枯枝，合理的解释是因为时在冬季。画面上伪托的倪瓒的款对此已有暗示，绘制时间是“十二月”。即便如此，为何以枯木形态出现的古梅和古树在画面中会占据如此重要的位置？它们几乎就在画卷中央，不仅是画面中最大、最古老的树，也是被描绘得最为清晰和仔细的植物。它们还共同衬托出了画面中点题的关键景物：一尊带头光的佛像出现在由古树所框定出来的一间草堂里，使观者意识到所看到的是一座佛教寺庙的园林。

画中园林的枯木，是刻意营造的景观。在佛教的语境中，枯木与坐禅修行的特殊方式有关。天如禅师的《狮子林即景》组诗中有一首描绘了参禅的僧人嗅到园子里栀子花浓香时的景象：“指柏轩中六七僧，坐忘忽怪异香生。推窗日色暖如火，薝葡花开雪一棚。”“坐忘”一词，是用《庄子》的典故来说明僧人参禅静

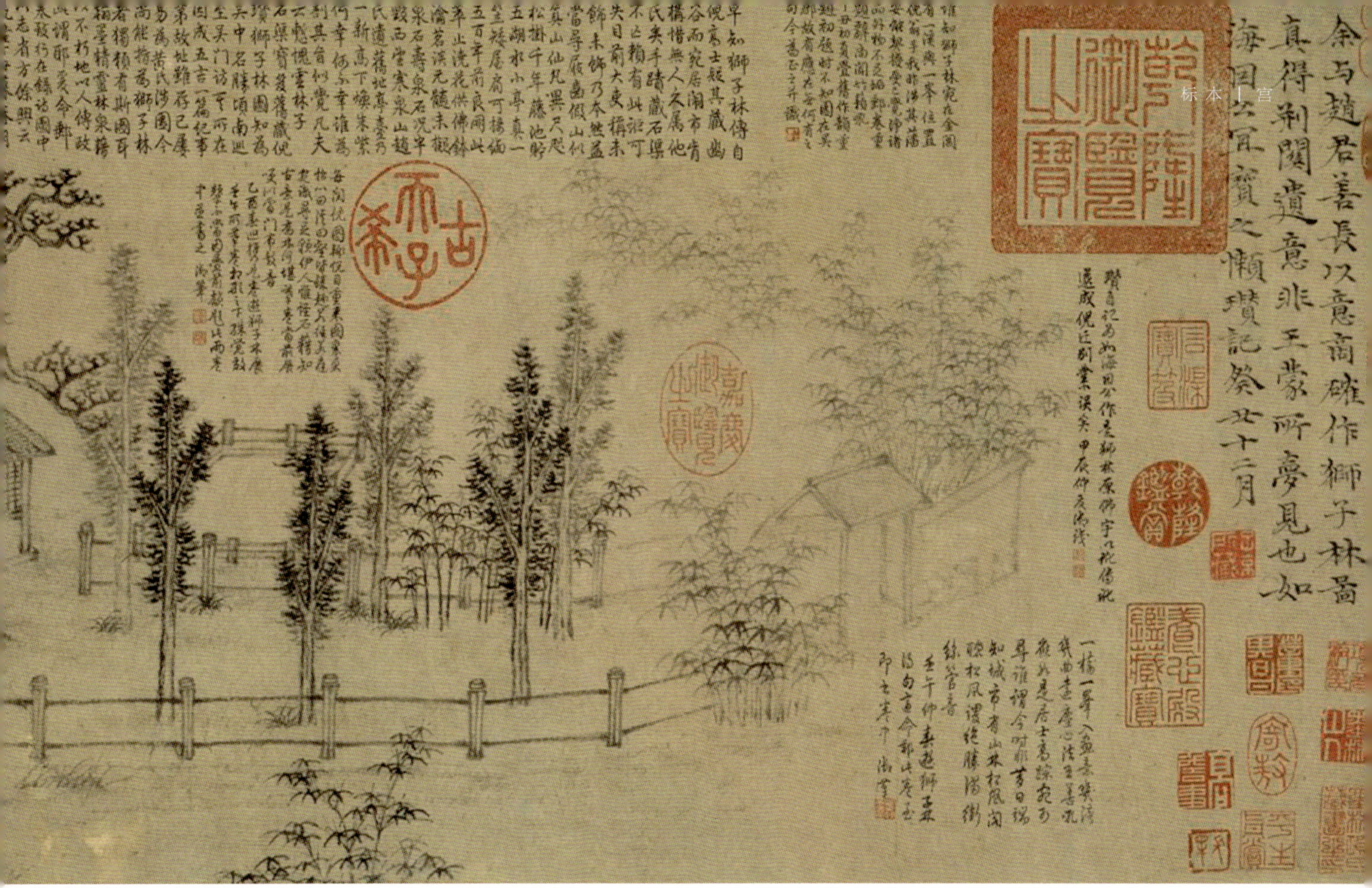

坐时的状态。这一典故相当有名，出自《庄子·大宗师》：“堕肢体，黜聪明，离形去知，同于大通，此谓坐忘。”在《庄子·齐物论》中也有另外一段对于“坐忘”状态的阐发：“南郭子綦隐机而坐，仰天而嘘，荅焉似丧其耦。颜成子游立侍乎前，曰：‘何居乎？形固可使如槁木，而心固可使如死灰乎？今之隐机者，非昔之隐机者也。’”“槁木”即枯木；坐忘状态，应是成为枯木和死灰，对于内在世界和外在世界不再有分别，从而与大道融为一体。然而在天如禅师的诗中，正在进入坐忘状态的一群僧人竟然会被园林中“薝葡花”的香气所吸引。“薝葡花”是佛经中提及的一种佛花，常被认为就是栀子花。这究竟是因为僧人修行不够，还是他们修行太高深？《狮子林图》中的枯树恰好标示出跏趺坐的佛像，这正是所有坐忘的僧人所应有的样子：形如槁木，心如死灰。真正的枯木和想象中的枯木相互阐发。

倪瓒的图是为狮子林的第三代住持如海所绘。比倪瓒年轻一辈的苏州画家徐贲（1335—1393）在洪武年间也应如海之请绘制了《狮子林十二景图》，此图现存台北故宫，和倪瓒的画一样也并非原本。徐贲的画采取一景一图的形式，与倪瓒的手卷很不相同。但其中有一景，两幅画却可以相互比较，即对于古梅树的描绘。这一景在徐贲画中名为“问梅阁”。卧龙般的梅树俯瞰水面，醒目的枯枝间有一些墨点，似乎暗示着将开的梅花。古梅旁边有两株高大的古树，一株是长着松针的松树，一株是没有叶子的枯树，二者形成了荣枯对比。除此之外，枯树在徐贲的画中也反复出现。“吐月峰”一段，庭院里除了园石和翠竹，另外 7 棵树全都是木叶尽脱的枯树。在“雪夜兀立”一段，草堂中坐禅的僧人和 4 株高大的枯枝古木相互映衬。图画空间中的狮子林枯树景观，在清代落到了实处。清代晚期刊印的《姑苏名园狮子林》版画，应是对清代狮子林的实景写照，藤蔓缠身、嵌空镂孔的枯树是画面的中心景观之一。狮子林几经改造，今天的游人则会看到与紫禁城御花园同样的枯柏，它们或许曾经苍翠，如今则以枯老的枝干吸引着人们的视线。

三

禅宗寺庙狮子林的枯木景观，立即会让我们的思绪跨越国度，想起日本禅宗寺庙中流行的所谓“枯山水”。尽管它并非寺院所独有，但其发展与禅宗有一定关联则是不争事实。枯山水的盛行大约在 15 世纪以后，常见的是以白沙石为江海，以深色的石块为山形、动物。有时在枯山水景观中也会装点枯树。京都南禅寺金地院里著名的“鹤龟之庭”造于宽永九年（1632）。白沙中央的石块，象征阿弥陀三尊和净土世界。白沙两边的石块分别是鹤与龟。右边为鹤石，上有高大而茂盛的古松一株。左边是龟石，上有姿态奇特的枯柏一株。其姿态与倪瓒《狮子林图》中的卧龙梅颇有些近似。“鹤龟之庭”是为幕府三代将军德川家光所造，龟鹤与净土世界既表现了吉祥寓意，也蕴含佛教的意趣。枯柏与老松所形成的荣枯对比，恰是点睛之笔。

京都南禅寺属于禅宗的临济宗。临济宗是禅宗的重要流派，形成于中晚唐，宋代从中国传入日本。临济宗的开创者是临济义玄（？—867）禅师，其思想则传承自其师黄檗希运（？—855）。黄檗禅师的语录《传心法要》中的一段文字，被认为是后世临济一脉所谓“枯木禅”的源头：“如今末法向去，多是学禅道者，皆着一切声色，何不与我心心同虚空去，如枯木石头去，如寒灰死火去，方有少分相应！”黄檗禅师说修行要像“枯木石头”、“寒灰死火”，正是借自《庄子》中所说的槁木死灰的坐忘状态。其发挥是把“枯木”与“石头”放在一起，由此便不只是一个物，而形成了一个颇具视觉意象的景观。数十年之后的五代时期，长沙石霜山的庆诸禅师把这种修禅方式发挥到极致，跟随其修行的僧人被称作“枯木众”：“堂中老宿长坐不卧，屹若楖杌（zī wù，意为枯木），天下谓之‘石霜枯木众’是也。”（北宋僧人赞宁《宋高僧传》卷 12“唐长沙石霜山庆诸传”）后来，禅僧起居修禅的僧堂就被称作“枯木堂”。在南宋时编成的禅宗典籍《五灯会元》中，类似的以枯木喻禅的方式更具视觉感。卷六的“亡名道婆”中有一个故事：“昔有婆子供养一庵主，经二十年，当令一二八女子送饭给侍。一日，令女子抱定，曰：‘正恁么时如何？’主曰：‘枯木倚寒岩，三冬无暖气。’女子举似婆。婆曰：‘我二十年祇供养得个俗汉！’遂遣出，烧却庵。”按理来说，僧人已经修行到了一定境界，即使突然被妙龄少女紧紧拥抱，也像寒冬岩石旁的枯木一样，达到坐忘的状态。然而在供养僧人的老太婆看来，倘如僧人真正达到枯木死灰的境界，怎么还有冷暖之分，怎么还能够把这种状态自己讲述出来呢？他似乎尚未达到“本来无一物”的境界，大概就和狮子林指柏轩中那六七位参禅入定的僧人一样，看似坐忘，却依然会被园子里的花香所扰乱。

金地院鹤龟之庭的枯柏

南宋 梁楷 出山释迦图轴

日本东京国立博物馆藏

“枯木倚寒岩，三冬无暖气”的视觉意象，在宋代以来的绘画中出现得十分频繁。南宋画家梁楷的《出山释迦图》（日本东京国立博物馆藏）就与之十分贴合。画面表现的是太子悉达多经过六年苦修，终于悟道，于是出山成佛。这一题材在宋代的禅宗绘画中很流行。画面里环绕佛陀的，便是巨大的岩壁和几乎与岩石长在一起的几株枯木。在汉地，相传释迦牟尼的成道日是在农历十二月八日，即腊八，于是描绘释迦出山的画面往往画成寒冬景象，和《过去现在因果经》《修行本起经》等记载了佛陀苦修成道的经典不尽一致，有了更多对气氛的渲染。日本学者板仓圣哲近年对这幅画有过深入的研究。根据佛经，佛陀苦修时是于娑罗树下静坐，吃得极少，以至于“身形消瘦，有若枯木”。枯瘦而营养不良的身体状态在画面中被清楚地表现出来，与画面中岩石上的枯木相互呼应，相互说明。释迦牟尼双掌合十，眼目低垂，在寒风中伫立。这是开悟的状态，恰好被枯木般的身体和周遭的枯木揭示出来。枯木与禅定悟道的关系，最视觉化的表现是佛教的罗汉画。虬曲古老的枯树中，罗汉在树洞里静坐参禅。罗汉所体会到的，也正是佛陀当时的状态。

《大德寺五百罗汉》之“树中坐禅”

图片取自《圣地宁波：日本佛教1300年的源流》（奈良国立博物馆，2009年）

传为苏轼的《枯木竹石图》被认为是文人绘画“自我表现”的典范作品

四

梁楷笔下具有禅宗意味的枯木，与宋代枯木绘画的传统密不可分。正如乾隆皇帝所言，后人最为熟知的，是苏轼笔下的枯木怪石，他正是凭借这个题材而在艺术史上占据着崇高的位置。苏轼的绘画，目前只有一件较为大家所认同的作品传世，即日本私人所藏的《枯木竹石图》。遗憾的是，这幅画具体藏在哪里至今没有人能说得清楚。画面画了一个斜坡，一块巨石，一棵枯树，两枝墨竹。倘若按照苏轼那个时代的标准来说，画中的石头不是一块好的观赏石。宋代时已经明确了瘦、皱、透、漏这几大赏石标准。或者多孔洞，或者石形尖峭。总之，观赏用的石头要险、怪、奇，或者是苏轼所说的“丑”。而苏轼画中的石头笨重，没有起伏和窍孔。一大一小两头，看起来像一只老龟。这可能意味着画中的石头不是费尽人力寻觅、雕琢而成的观赏石，其实就是野外的一块普通大石，那么，画中的环境就是在野外，而不是庭院园林里。画中的枯树形态奇特，最有趣的是树干到顶端突然一个 360 度的回身扭转。美术史中的流行说法，是将枯木竹石看成是苏轼人格的显现，看成是一种自我表现。这种说法大概来自于苏轼同时代人，尤其以米芾的一段话最为著名。作为苏轼的朋友，米芾在《画史》中评论：“子瞻作枯木，枝干虬屈无端，石皴硬，亦怪怪奇奇无端，如其胸中盘郁也。吾自湖南从事过黄州，初见公，酒酣曰：‘君贴此纸壁上。’观音纸也。即起作两竹枝、一枯树、一怪石见与。”有趣的是，米芾所讲的苏轼在黄州为他画的画，和这幅《枯木竹石图》相似，都是枯树一，石头一，竹枝二。在米芾看来，苏轼画的枯木和石头视觉特征很强，共同特点是“无端”，即无论是树石的形象还

是具体的描绘笔法，都看似无休无止。米芾进一步将这种无休无止的视觉特征比作苏轼内心中积累的那些曲折幽深的意气。苏轼另一位更好的朋友黄庭坚也表达过类似看法。在《题子瞻枯木》中，他说苏轼“胸中元自有丘壑，故作古木蟠风霜”，意思和米芾所说的差不多，苏轼之所以画枯木，是因为他胸中已经有了山川大地，画出的枯木就是这山川大地的一部分。

这种极端自我表现的方式，看起来与现代艺术极其相似。在苏轼的时代会是这样吗？必须看到，无论是米芾还是黄庭坚的说法，都是一种修辞的说法。黄庭坚在另一首吟咏苏轼画竹石的诗中，更是说“东坡老人翰林公，醉时吐出胸中墨”，怎么能把这话当真？所谓“醉时吐出胸中墨”，其实应是对苏轼诗的巧妙引用。苏轼有一次在友人郭祥正家喝酒，喝醉后征得主人同意，在墙上画了一铺竹石，并写了一首诗：“空肠得酒芒角出，肝肺槎牙生竹石。森然欲作不可回，吐向君家雪色壁。”醉酒、呕吐、作画，在这里被文学化地比拟为一种身体内部奇妙的自主运行过程，内脏被酒浇灌，自然而然地生长出了竹子和石头，它们沿着内脏向上，冲破喉咙，化为水墨，洒落在墙面上。如果把这个叙述当真，那这哪里是绘画，这简直就是法力无边的道教神仙。

米芾、黄庭坚和苏轼的修辞手法，似乎都在表达这样的意思：枯木竹石绘画，本质上而言并不是对外在自然世界中枯木和怪石的模仿，而是身体内在运行规律的一种表象。与苏轼一样离奇的是其表兄文同（1018—1079）。文同也以善画枯木竹石得名。苏轼在《书补之所藏与可画竹三首》中，对文同画竹子时的状态有这样的描述：“与可画竹时，见竹不见人。岂独不见人，嗒然遗其身。其身与竹化，无穷出清新。庄周世无有，谁知此疑神。”苏轼画画，是用酒在身体内部长出了竹石，文同则是把身体幻变成了竹子。诗中用了“坐忘”的典故，在苏轼眼里，文同通过画画的方式变成了庄子。无独有偶，苏轼的友人李之仪（1048—1117）在看过苏轼在郭祥正家墙上所画的竹石以及苏轼的诗句之后，发了如下感慨：“一杯未釂笔已濡，此理分明来面壁。我尝傍观不见画，只见佛祖遭呵骂。人知见画不见人，纷纷岂是知公者。”在他眼里，面对墙壁画画时的苏轼，不是别人，正是面壁苦修、正欲成道的释迦牟尼佛。如此说来，无论是文同的“坐忘”，还是苏轼的“面壁”，画枯木竹石，不就是一种修行的方式吗？这里的枯木并不是真实的枯木，而是修行时身心俱灭的槁木死灰状态。

枯木竹石绘画与佛教的关系值得进一步思考。苏轼对禅宗以枯木喻禅的方式一定不陌生，他和禅宗高僧往来频繁，甚至被看做是临济宗黄龙派慧南弟子东林常总（1025—1091）的法嗣；他的枯木竹石在当时除了以他为中心的文人圈，流传其实并不广泛，但他却时常就画在佛教寺院的墙壁上。他的一位仰慕者慧洪觉范（1071—1128）是临济宗黄龙派僧人，就曾专门到汴梁的戒坛院寻访苏轼的枯木。苏轼的另一位禅僧挚友道潜（1043—1106）也曾在看过他在某处寺庙中所画《枯木》之后说：“偶向僧坊委陈迹，每经风雨听龙吟。”“僧坊”即僧房，是僧人日常修禅起卧之堂舍，也即所谓“枯木堂”。“龙吟”指的是唐末曹山本寂禅师的公案故事“枯木龙吟”，是说在死寂中能听到巨响，意味着绝灭一切妄念，达到不生不灭的大自在境地。

文同也常在寺庙墙壁上画枯木。东京净因院的道臻禅师（1014—1093）是临济宗的高僧，他就曾请文同为净因院的东斋画了枯木竹石。东斋是僧人起居处，枯木竹石画在这里也许并不美观，但一定会起着帮助禅僧修行的作用。之后，道臻禅师重修净因院的“法堂”，又请文同来画壁，苏轼则专门为此撰写了著名的《净因院画记》。“法堂”是禅宗寺院演布大法的地方，通常位于佛殿的后方、方丈的前方，在这里画上枯木也是再合适不过的了。文同还在成都嘉佑院住持纪长老的方丈中画了枯木和竹石，深受长老的推崇。

五

苏轼画面中的枯树，很少有人会想知道究竟是什么树。从弯曲的姿态、尤其是树干上部圆形的转折来看，这应该是一棵枯柏。树干上有些长长的线条，这也与柏树的树皮特征相一致。韩拙《山水纯全集》在林木画法一节，专门讲到了画古柏："诀曰：'柏不丛生。'要老逸舒畅，皮宜转纽，捧节有文，多枝少叶，其节嵌空，势若蛟虬，身去而复回，状迭纵横，乃古柏之状。"画中那旋转一周的树干，正是"身去而复回"。柏树与佛教有着密切的关系。松柏是佛教寺院最重要的植物。狮子林中，就有"指柏轩"。这个典故来自于晚唐的赵州禅师。有人问禅师："如何是祖师西来意？"禅师指了指院子里的柏树说："庭前柏树子。"在佛教绘画中，枯柏的形象最常出现的地方就是罗汉画中。吐鲁番发现的一件大约为晚唐的罗汉图残片，画的是"迦诺迦伐蹉"尊者，绘有枯柏，应是罗汉的配景。宋代佛画中，枯柏和古柏出现得更为频繁，成为各种罗汉画的重要组成部分。

《枯木竹石图》是一幅画在纸上的小画，无论是枯树、石头还是墨竹，都画得十分简率。这种纯粹用水墨画成、讲求不同干湿用笔的简率画风，与南宋以来逐渐成气候的"禅画"之间可看到近似之处。南宋末的禅僧画家牧溪法常，虽然比苏轼晚了一百六七十年，但其绘画与《枯木竹石图》仍可进行比较。在《观音猿鹤三联画》（京都大德寺）中，《鹤》轴中表现岩石质感的皴法，岩石背后伸出的墨竹，都与《枯木竹石图》有相近之处。《猿》轴中，黑色的母子长臂猿坐在一株凌空斜向生长、藤蔓缠绕的古树上。以前的学者常以为画中古木是松树，实际上，从树身长线条描画的树皮质感和蓬松的淡墨画出的针状叶形来看，应和《枯木竹石图》一样，也是一株古柏。

五代 贯休（传） 罗汉图

根津美术馆藏
图片取自户田祯佑编《牧溪·玉涧》（讲谈社 1978 年）

《观音猿鹤三联画》之《猿》 日本京都大德寺藏

图片取自户田祯佑编《牧溪·玉涧》（讲谈社 1978 年）

把枯木图像与禅宗思想贯通在一起，的确是一种创新。苏轼、文同画“枯木竹石”的时代，所面对的描绘枯木的传统，是被称为“寒林”的题材。苏轼的后辈孙觌（1081—1169）曾见过一封苏轼在黄州为官时给友人王巩的信，其中说自己“画得寒林竹石，已入神品”。另一位后辈何薳（1077—1145）也见过一封苏轼官黄州时写给章质夫的信，信中说：“某近者百事废懒，唯作墨木颇精。”可见，“枯木竹石”，就是“寒林竹石”。可是，“寒林”是一片森林，怎么就会被简化成一株枯树了呢？

按照宋人所记述的画史，五代、北宋初年开始有画家画“寒林”题材。南唐的董元，画过《雪竹寒林》，他的传世绘画中就有一件《寒林重汀图》。后梁的关仝，《宣和画谱》中说他“尤喜作秋山寒林”。寒林是冬天的树林，枯木是主体。沈括有一首《图画歌》，其中就说：“枯木关仝极难比。”“寒林”的另一位重要画家，是与董元、关仝同时代的山东青州人李成。现存虽然有归于他名下的几幅寒林作品，但不能肯定其中有他的真迹。李成的寒林在宋代声名显赫。比他晚一百余年的邓椿在其所编的画史著作《画继》中阐述了对于李成寒林题材的一种看法：“李营丘，多才足学之士也。少有大志，屡举不第，竟无所成，故放意于画。其所作寒林多在岩穴中，裁札俱露，以兴君子之在野也。自余窠植，尽生于平地，亦以与小人在位，其意微矣。”他基本是从儒家政治学说的角度来解释的，认为寒林中的枯树寄托着李成对自己的身份认同，象征着不受君王重视的君子。从《小寒林图》（辽宁省博物馆藏）、《读碑窠石图》等传为李成的寒林图来看，无法看到其中包含有邓椿所说的对怀才不遇的隐喻。原因很简单：在画中根本看不到邓椿所说的生长在岩石上的枯树与生长在平地上的其他植物之间的对比。画面只表现了岩石上的枯树，并没有所谓的平地和平地上的植物。也许李成本人在画画时的确会附加个人情绪，但寒林作为一个绘画母题，具有超越个人情绪的更加广阔的意义。

存世的几乎所有传为宋人的寒林题材绘画，都已无法知晓作者，甚至连具体的绘制时代也不能准确判定。好在宋代的作者观念不似如今这么强大，一幅佚名的绘画，照样能够折射出时代的许多景观。到北宋末年，寒林枯木已经是山水画的“标准配置”，写进了教科书中。宋徽宗时期的宫廷画家韩拙写有一篇重要的山水画论《山水纯全集》，在“论林木”一节讲到画“寒林”：“至于寒林者，务森耸重深，分布而不杂。宜作枯梢老槎，背后当用浅墨画以相类之木伴和为之。”寒林不是一棵两棵，而是一片。韩拙说得非常清楚，寒林要画成枯木和古木。为了既凸显出代表性的枯树，又营造出一片树林的效果，就需要用浅色的墨在主体的枯树之后描画出隐隐约约、无穷无尽的感觉。需要注意的是不能让树林显得杂乱，因此就需

至于寒林者，务森耸重深，分布而不杂，宜作枯梢老槎，背后当用浅墨画以相类之木伴和为之。

要把相似的树组合在一起。传为李成的《小寒林图》，几乎就是韩拙所写文字的图示。画面不大，前景是一片起伏的坡石，根脉外露的古木顶天立地，背后则隐约可见连绵山脉，山脉的顶部只到画幅一半，也即古木的腰部。利用这种仰视的视角，产生出古木高耸之感，这便是“森耸”。这里的古木是古松，枝干上尚可看到较为稀疏的松针，正如荆浩《笔法记》中所说：“皮毛苍鳞，枝枯叶少者，为古松也。”用重墨画出，背后山脉用淡墨画出，以墨色差别形成前后的距离，这便是“重深”。画面左下部还有一条溪流，从远山流出，在古木附近逐渐形成宽阔的水面，这条由远及近的水源，更加强调出画面的“重深”之感。画面中浓墨画出的古木，清晰地分为三组，顶天立地的松树为中央组，右边是古藤缠绕、倒垂向水面的临水组，左边靠近画面边缘还有另一组。三组古木形象地说明了什么是“分布而不杂”。除了中央组的几株古松画有松针，其他树都是没有叶子的枯树，这便是“宜作枯梢老槎”。在重墨画出的几株古树后面，可看到较淡墨色画出的其他树。中央组的两株古树是松树，因此后面用淡墨衬出的另两株也是古松。左边的重墨古树背后，淡墨画出的也是与之相似的树。毫无疑问，这就是“背后当用浅墨画以相类之木伴和为之”。画面以古松为中心，会让人想起郭若虚《图画见闻志》中所记载的李成《松柏寒林》。倒伏向水面的枯木则会让人想起《林泉高致·画格拾遗》中记载的郭熙在温县宣圣殿所画的一铺壁画《古木平林》：“层峦群立，怪木斜欹，影浸寒水，根蟠石岸。”可以说，这幅《小寒林图》堪称是经典寒林图像的凝结。尽管乾隆皇帝把这幅画珍藏在“三希堂”，并且坚定地相信是李成的手笔，但说不准这也是一幅北宋后期的绘画，所要表达的也不是邓椿所说的科场失意的文士对政府的隐喻。

实际上，邓椿的略带政治色彩的解读受到的是比韩拙稍早的另一位宫廷画家郭熙的影响。郭熙是存世北宋绘画中唯一一件作者与创作时间都十分清楚的山水画《早春图》的作者。他的儿子郭思还将他论述山水画的言论编著成书，名为《林泉高致集》。这篇画论中最有名的，是对于山水的自然景观与国家政治景观之间的隐喻关系的论述：

大山堂堂，为众山之主，所以分布以次冈阜林壑，为远近大小之宗主也。其象若大君，赫然当阳，而百辟奔走朝会，无偃蹇背却之势也。长松亭亭，为众木之表，所以分布以次藤萝草木，为振挈依附之师帅也。其势若君子轩然得时，而众小人为之役使，无凭陵愁挫之态也。

大松树是君子，灌木杂树是小人。这本是源于儒家经典的看法，是儒家学者根据植物生物特征所做的引申，并不是郭熙的创新。作为画家，他的创新是把事物的视觉特征，比如植物在图画中的位置、大小、姿势以及不同植物之间的视觉关系，与一套儒家政治理念联系起来。这些都在他画于 1072 年的《早春图》中表现得一清二楚。尤其值得注意的是，画中显要位置的巨大松树，恰好还是连理松。同样的连理松在画面四处不同景深全都出现。正是因为郭熙对于视觉特征背后意识形态的关注，使得北宋官方绘画著录书《宣和画谱》对其赞誉有加：“至其所谓‘大山堂堂，为众山之主。长松亭亭，为众木之表’，则不特画矣，盖进乎道欤！”

北宋 李成（传）小寒林图卷 辽宁省博物馆藏

画面中的古木与山脉，恰是韩拙所论“森耸重深”的直观展示。

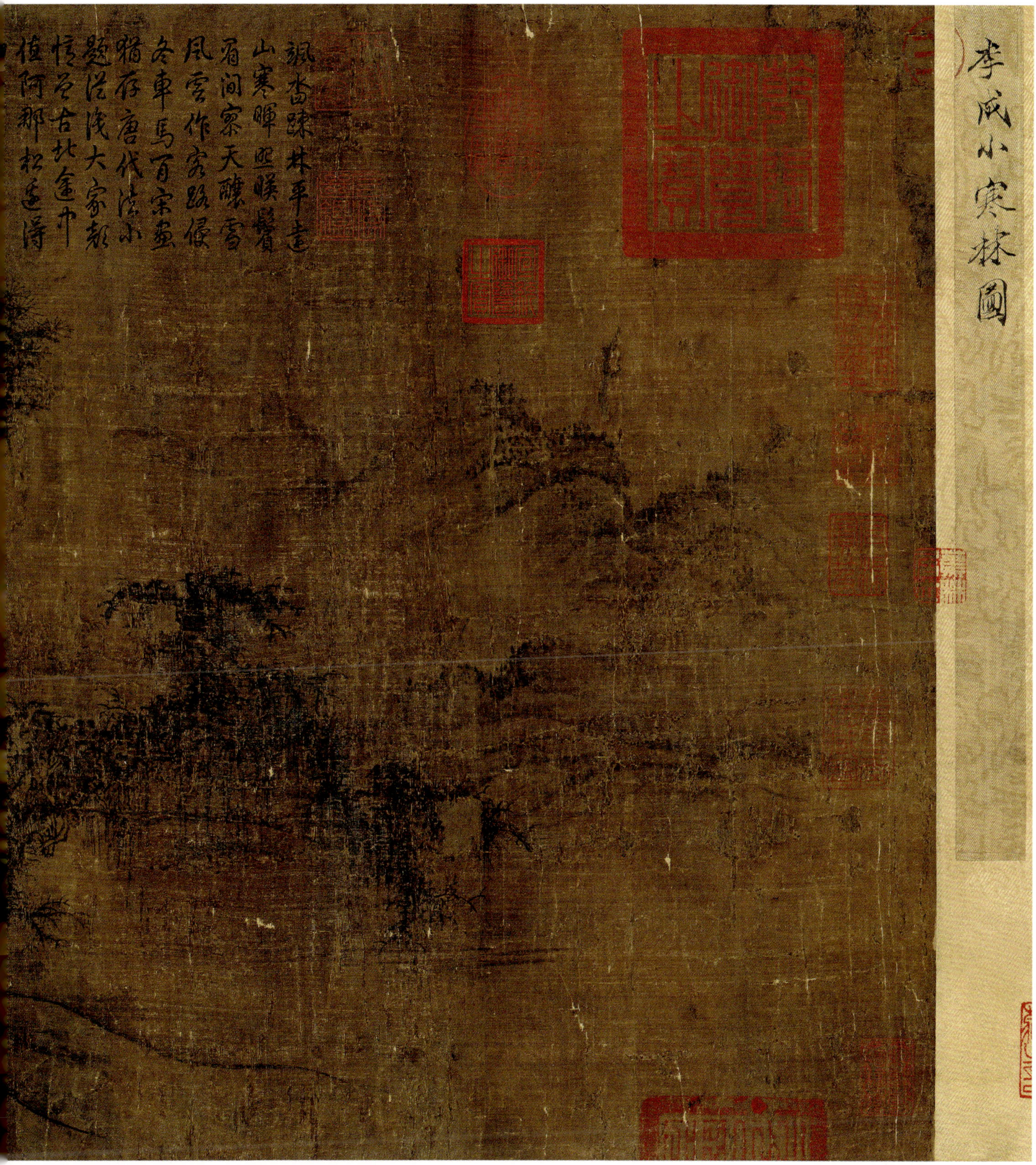

《早春图》也是北宋画中少有的有清楚定名的画作，由郭熙直接题写在画面上。在“早春”意象中，最重要的便是画面中那些枯木。最大一株枯木位于巨松下部，在靠近古松的巨石上扎根。和古松的挺拔相对比，它姿态异常虬曲，枝条异常杂乱。后世常说郭熙擅长的“蟹爪枝”，指的就是枯树的这种画法。除了弯曲的枯树与挺直的古松，画中还有第三种树，是一种有树叶而不凋谢的常绿阔叶树。这三种树构成一个单元，在画面中反复出现。单纯只看其中一种，都无法判断画面的时间，只有把三者联系起来，“早春”才从中显现。按照《林泉高致》的说法，树木植物依照在画面中的重要性有明显的等级秩序：“林石先理会大松，名为宗老。宗老意定，方作以次杂窠、小卉、女萝、碎石，以其一山表之于此，故曰宗老，如君子小人也。”大松、杂窠、小卉、女萝四种等级，重要性依次递减，在《早春图》中几乎都可以看到。“杂窠”是杂木，它们就是画面中央古松周围不知名的虬曲的枯木和常绿的阔叶树，它们也出现在画面远近不同的各个地方。“小卉”则是指低矮的草本植物，它们可能是画中山头上覆盖的植被。“女萝”是松萝、藤蔓，缠绕在画中的古松和杂木上。四种植物不同的植物特征体现为视觉特征的差异。《早春图》中的枯木几乎全都是杂木，只长在岩石的险峻处，或是倾斜的山岩侧面，或是边缘和缝隙，而且几乎全都是倒垂着生长。其他那些常绿的杂木，用墨涂抹出树叶的大致形状，正是《山水纯全集》中所说“杂木取其大纲，用墨点成浅淡相等”。所谓杂木，是指不适于用于建筑材料的树木，多是枝干扭曲，节眼众多，种类不一，但都是松、柏之外的树木，包括小乔木与灌木。在《林泉高致》的图像隐喻中，

北宋 郭熙 树色平远图卷 美国大都会艺术博物馆藏

杂木不能成材，与草和藤萝一样，都是小人，与象征君子的堪为大材的挺拔古松形成鲜明对比。郭熙似乎很喜欢画这种枯杂木。他的另一件作品《树色平远图》（美国大都会艺术博物馆藏）是一幅与《小寒林图》相仿的小手卷，画中枯木也都是类似《早春图》一样叫不出树种的杂木，也与不落叶的小乔木画在一起，传达出类似的秋冬或早春景色。若不是和《早春图》一样也添加了人物活动和建筑，就是一幅“寒林图”。这让我们想起传为李成的另一件《小寒林图》（台北故宫博物院藏），画中枯木景观全都由不同的杂木组成。在北宋郭若虚《图画见闻志》中，就记载曾见过当时一位著名画家王士元所画的《杂木寒林》：“尝见张文懿家有《杂木寒林》，高丈余，风韵遒举，格致稀奇。”《小寒林图》的杂树底下也有和《树色平远图》中类似的两位拄杖的年老文士。这些画中的杂木似乎不再是《林泉高致》中说的小人，强烈的政治隐喻不再在这里适用。托名王维的《山水论》这篇山水画口诀性的文字中所言“古木节多而半死，寒林扶疏而萧森”，正适用了寒林给人的视觉感受。拄杖的年老文士出现在这样的寒林里，不得不让我们想到，他们是结伴在这个偏远的地方步行游览，意味着古木和寒林是引起人视觉愉悦的景物。

苏轼的“枯木竹石”正是在寒林枯木的这些视觉传统中发展出来的新的表现方式。其最显著的视觉特点是作了很大的简化，由一片寒林简化为一株枯木。无独有偶，苏轼的友人王诜也在对寒林进行另一种简化。作为驸马，王诜在当时文人圈子里非常重要，苏轼曾在一封给蜀地宝月大师的信中说：“驸马都尉王晋卿画山水寒林，冠绝一时，非画工所能仿佛。”和没有专门学习过绘画的苏轼不同，王诜的画艺相当高超。被宋徽宗收藏并被定名为《渔村小雪图》的作品是一幅横长的手卷，由树叶凋落的树木组成的冬季寒林分别出现在画面起始、中段和结尾部分。起始与中段的寒林多是杂木，只是作为烘托其他主要景观的背景，比例很小，但结尾部分的寒林却与众不同，画得很大、很突出。这是临河斜坡上的枯木景观，只有若干古木，没有成林。主体是两株古松，一株有稀疏的松针，一株完全没有，形成明显的荣枯对比。与挺拔直立的古松形成鲜明对比的是三株极度虬曲的枯木，其中一株伸向河面，有一段已浸入水中。三株弯曲的树木也有荣枯的对比。其中一株盘曲的高度最高，在树干顶部，长出了好几组枝叶，树叶画得清清楚楚，为柏叶，可见这是一株柏树。由此可知，其他两株也应是柏树。此外，三株古柏之间还有两棵细长的杂木，一棵是枯木，另一棵矮一些的有树叶。如此一来，这段枯木景观就画了二松、三柏、二杂木，再配以更低矮的枯杂木和缠绕松、柏、杂木的藤蔓，形成以五株松柏古树为主的寒林景观。画面以这一枯木寒林为结束，应当具有深意。这片寒林虽小，但景物十分完整，《林泉高致》中说的“大松、杂窠、小卉、女萝”四种不同等级秩序的植物在这片小小的寒林中均有表现。我们会看到，枯与荣的对立与转化是这片寒林之景的核心。尤其是那株长出新枝新叶的老柏，有着最为复杂的扭转形态，树干顶部有两次 360 度的扭转，每转一次，就长出数个新枝，虽不茂盛，柏树特有的鳞片状针叶却描绘得十分清晰。荣枯转换和枯木逢春的生命力得到强有力的展现。

对比王诜对寒林枯木的表现和苏轼的枯木竹石会看到：枯木都长在具有类似角度的斜坡上，都有姿态相似的弯曲的古柏，且都是核心景物。所不同的是，王诜依然在描画一片冬季寒林，它依然存在于具体的时间（冬春之际）、空间（荒野）之中。老松、古柏与杂木的荣枯转变依然是宇宙变迁的征象。苏轼则彻底舍弃了寒林，舍弃了时间，舍弃了空间。画里的枯木竹石不属于任何时空。也因为如此，画也向任何一种解释开放。

北宋 王诜 渔村小雪图卷 故宫博物院藏

苏轼的儿子苏过（1072—1123）也像父亲一样，善画枯木竹石。在苏轼《题过所画枯木竹石三首》中，可看到父亲对儿子的赞赏，也可看到苏轼眼中的枯木竹石究竟是什么东西：

老可能为竹写真，
小坡今与石传神。
山僧自觉菩提长，
心境都将付卧轮。

散木支离得自全，
交柯蚴蟉欲相缠。
不须更说能鸣雁，
要以空中得尽年。

倦看涩勒暗蛮村，
乱棘孤藤束瘴根。
惟有长身六君子，
依依犹得似淇园。

三首诗，把“枯木竹石”分开来写，依次写的是石、枯木、竹。第一首中，“老可”是文同，“小坡”是苏过。将自己的儿子提高到与文同等同的高度。诗中后两句讲的是禅僧的修行。“卧轮”指的是活动在隋唐之际的高僧昙伦，人称卧轮禅师。昙伦的禅法提倡心性的修持，禅宗经典《坛经》中记载了他的一个著名偈子：“卧轮有伎俩，能断百思想，对境心不起，菩提日日长。”苏轼的诗即化用自此，绘画在此与禅宗的修行紧密地联系在一起。第二首诗植根于《庄子》，散木、支离、能鸣雁，全部都出自《庄子》。“散木”出自《人间世》，指因无用而享天年的树木。“支离”也出自《人间世》意为残缺而不中用。“能鸣雁”出自《山木》，意为有用之物。这首诗用“无用之用”的思想来阐发枯木的意味，或者说，画中的枯木就是《庄子》中因为无所可用而得以永远存在的散木。第三首诗写竹，“涩勒”是一种有刺而坚硬的竹，苏轼将这种竹与像君子一样的竹进行了对比。将竹比作君子，来自于儒家经典《诗经》的《卫风·淇奥》。苏轼这三首诗，竟然从释、道、儒三个不同方面都阐发了枯木竹石的意义。枯木竹石变成了包罗万象的东西，可以被任何思想所阐释，也可以阐释任何思想。还有什么东西能够比得上它吗？

宋人的品石艺术——从故宫藏宋徽宗的两幅画解读

文／朱良志

写石、画石本身就是观石、赏石的一种方法，而观「石画」、阅「石文」，又成为了观上之观，构成多层次的审美空间。

中国的赏石风习在上古时代即露端倪，但真正将石作为文化哲学的象征物，作为精神的寄托物，要到唐宋时期。唐代平泉主人李德裕爱石成癖，曾告诫子孙："鬻平泉者，非吾子孙也。以平泉一树一石与人者，非佳子弟也。"（李德裕《平泉记》）白居易得到"厥状怪且丑"的两片石，便以之为至宝，竟然乐以忘忧。他评太湖石云："石无文无声，无臭无味。"他的《太湖石记》写道："相顾而言，岂造物者有意于其间乎？将胚浑凝结，偶然而成功乎？然而自一成不变以来，不知几千万年，或委海隅，或沦湖底，高者仅数仞，重者殆千钧，一旦不鞭而来，无胫而至，争奇骋怪，为公眼中之物，公又待之如宾友，视之如贤哲，重之如宝玉，爱之如儿孙，不知精意有所召耶。"石为默然之物，带着苍古的气息，与人相对，不名一状，无所为用，黝黑而不入时人之目，就是这样的顽拙之物，成为人性灵的映照者，人与之相与优游。白居易认为石中有至理藏焉，顽拙中有生命的温润。就像明末计成《园冶》所说的："片山多致，寸石生情。"

宋 赵佶 听琴图轴（局部）故宫博物院藏

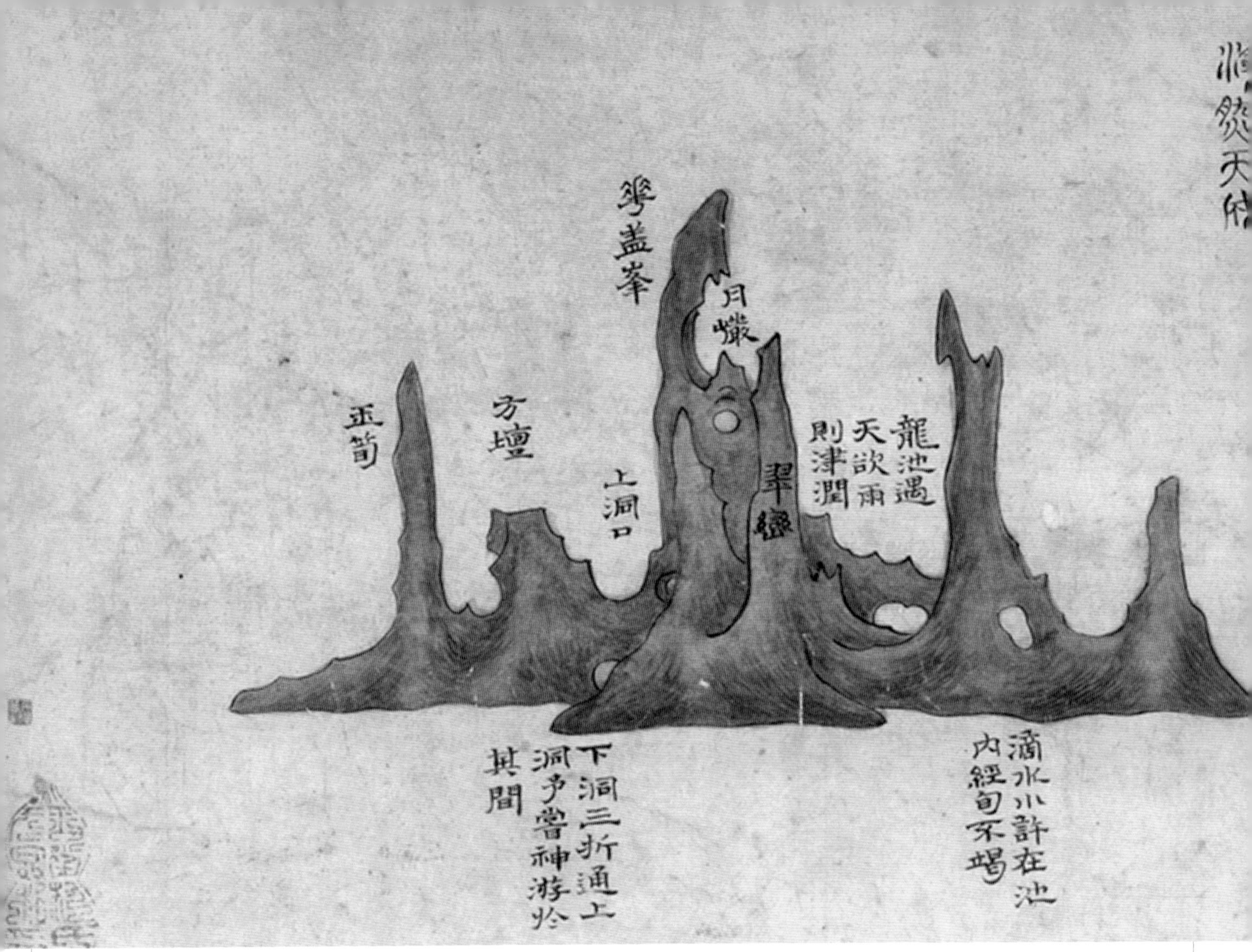

宋 米芾 研山铭卷 故宫博物院藏

江南后主尝宝一研山，径长尺余，前耸三十六峰，皆大犹手指，左右则引两坡陀而中凿为研。及江南国破，研山流传士人家。米老元章得，后米老之归丹阳也，念将卜斋，久勿就，而苏仲学士之弟者才公孙也，号称好事，有甘露寺下并江一古基，晋、唐人所居。时米欲得斋而苏觊得研，于是王彦昭侍郎兄弟与登北固，共为之和会，苏、米竟相易，米后号海岳庵者是也。研山藏苏氏，未几，索入内禁矣，今在台州戴氏。（元 渔阳公《渔阳公石谱》）

宋代的赏石风气可谓炽烈。它随着文人艺术的兴起而发展起来，并伴随着商品经济的发达而至于繁盛，而宋人重视室内装饰、喜欢营造园林的风习，也推动着赏石文化的发展。

宋徽宗是宋代赏石文化的集大成者。他以好石而闻名，常常沉迷于假山之中，其艮岳是中国皇家园囿的大制作。秦始皇集天下兵器于咸阳，而他是集天下美石于艮岳，天下好的太湖石、灵璧石尽自遣来。据说艮岳园中有一名“神运昭功”的太湖石，高四十六尺，真可谓高比云天，人称“艮岳排空”。园中山峦起伏，绵延十余里。张淏《艮岳记》引祖秀《华阳宫记》曰：“政和初，天子命作寿山艮岳于禁城之东陬，诏阉人董其役。舟以载石，舆以辇土，驱散军万人，筑冈阜，高十余仞。增以太湖灵璧之石，雄拔峭峙，功夺天造。石皆激怒抵触，若踶若齧，牙角口鼻，首尾爪距，千态万状，殚奇尽怪。”后来宋室南迁，没有完工的艮岳顷刻间毁颓，而其中的石头也随旧朝而作风云散。数百年间文献中有大量记载与艮岳相关的奇石，还有不少名石一直流传到今。今北京北海琼岛上的湖石就有不少来自艮岳，颐和园中的青莲朵，据说也是艮岳的名石。

这里通过藏于故宫的两幅徽宗的作品，来看宋人赏石艺术的一些特点。

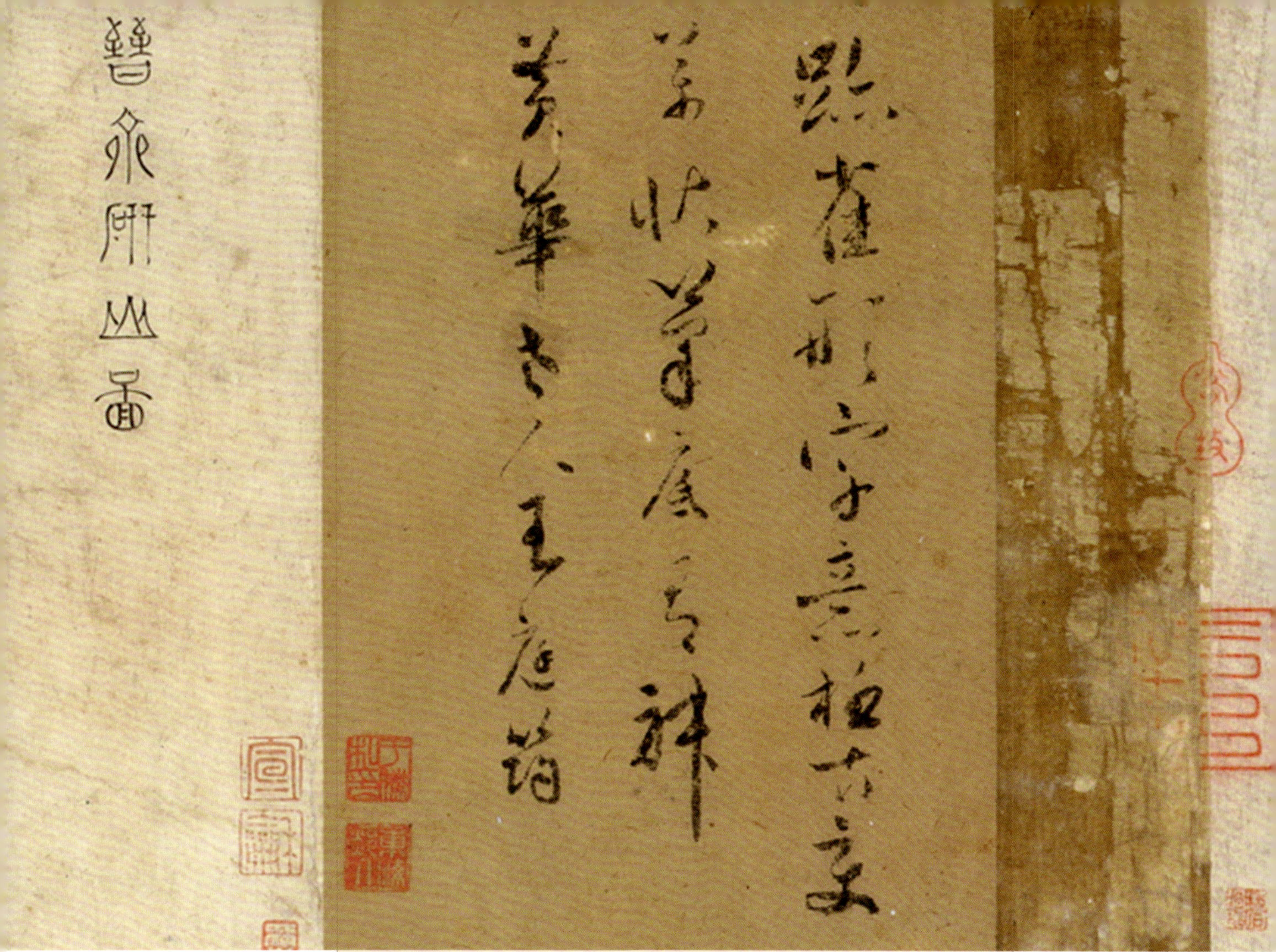

圣人尝曰仁者乐山，好石乃乐山之意。
盖所谓静而寿者，有得于此。

宋 孔传《云林石谱·序》

一、从《听琴图》看宋代的假山风

假山的出现，本与佛教有关。它最初是寺院中的构置。它是中国佛教的一个法物，印度佛教并没有此好。这和佛教的真幻观念有关，假山被视为示现世界真实的方便法门。

典籍中还没有见到唐代之前“假山”名称的记载。但到唐代却突然多了起来。杜甫是较早涉及“假山”名称的诗人，他作有《假山》诗。权德舆诗中描绘的“忽向庭中摹峻极，如从洞里见昭回。小松已负干霄状，片石皆疑缩地来”，已具后世假山的特点。它说明，假山由叠石而成，必须有花木相配，从而幕天席地，产生特有的境界。

两宋时期，假山渗透进人们的生活，成为庭院的常设，又是案台上的清供。故宫博物院所藏的一些作品，颇能看出这方面的变化。如故宫所藏三件纨扇小品，分别是《小庭婴戏图》《秋庭婴戏图》《蕉石婴戏图》，所展示的都是庭院中的孩戏，背景中都有假山相衬，假山一般体量较大，并有绿竹或花卉相配。故宫博物院所藏《绣羽鸣春图》，是一件小制作，画一只鸟昂首于怪石之上，非常干净潇洒，不啻为士人精神之象征。说明当时假山在庭院设计中的普及程度。假山下，是文人的神会之所，恋人的缱绻之地，也是孩子们的玩耍场地。

宋人画 小庭婴戏图页（局部） 故宫博物院藏

宋人画 蕉石婴戏图册页 故宫博物院藏

宋人画 秋庭婴戏图页 故宫博物院藏

中国人以石上鸣琴来表达自然野逸之兴，以拂簟邀云、眠琴选石为一胜境，所谓「扫取石床空，眠琴抱萝月」。

故宫博物院藏宋徽宗《听琴图》，绢本，设色，纵 147.2 厘米，横 51.3 厘米。图画一人着玄服道衣于松下抚琴，前有两文士，分坐左右，一人着绿衣，仰首远望，一人一袭红裳，颔首低眉，都在静神倾听。二人仪态秀雅，风神不凡，从其装束看，显然有很高的位置。绿衣者身后还有一童子，也为这琴声打动，伫立凝神。画面静气扑面，风味朴茂，体现出传统美学所追求的冲和淡雅的境界。画面状态极佳，绢未酥脆，色未漫漶，近千年过去，完好如初，历史的风霜洗练，还使她平添了幽深静寂的风神。

中国人以石上鸣琴来表达自然野逸之兴，以拂簟邀云、眠琴选石为一胜境，所谓“扫取石床空，眠琴抱萝月”，石和琴密切关系。图中画三人所坐皆为天然石礅，上覆以软垫。琴者石上鸣琴，传递天然逸响。

这幅画还特别画一假山，虽然体量较小，却处于画面的正中位置，面对弹琴者，是一幅画的中心处所。在假山上设一盆景，反映出北宋时盆景与假山之间的密切关系。小盆中植花木，正是盛开时。似乎琴者就是为这几朵白色的小花而演奏。小花也对之而颔首深领。物虽小，但却是这幅画的点睛之处，就是要突出人与世界融通一体的精神。人在倾听，似乎盆景也在倾听，盆景与琴手的轻拨、听者的会心形成一个相与吞吐的世界，创作一种独特的艺术境界。在这里，假山、盆景已从具体的物，变成了一种会心之具，与人的心灵互通款曲，表达极为细腻。

宋 赵佶 听琴图轴（局部）
故宫博物院藏

由宋入元，及至明清，怪石成为绘画中最重要的元素之一，也是中国绘画史上最经典的母题之一。

元 赵孟頫 枯木竹石图轴

故宫博物院藏

二、从《祥龙石图》看宋人欣赏怪石的趣味

明代的《小窗幽记》说："墙内有松，松欲古；松底有石，石欲怪。"石欲怪，这是古代赏石艺术的重要原则。宋刘克庄说："怪怪奇奇石，谁能辨丑妍"——在中国人看来，这怪怪奇奇的石头，虽然没有柔媚的外表，但却深动人的幽怀。

这一方面反映了中国人超越美丑的看法，像老子所说的"天下皆知美之谓美矣，斯恶矣"——天下人都知道美的东西是美的时候，就产生了"丑"（恶）的观念了。美丑是相对的，它受制于某种标准，是人们的知识行为，必须超越之。中国美学中的"宁丑毋媚"，"丑到极处就是美到极处"的观点，并非是对丑的偏爱，而是表达了一种超越美丑的思想。另一方面也反映出超越秩序和权威的思想。玩味怪石，不是猎奇，而是表达一种脱略常规、超越秩序、颠覆凡常理性的观念。如我们说一个东西是"怪"的，意识里就有什么东西属于正常的标尺，这个所谓"正常"的秩序是依照人的理性而建立的，是人知识的产物。我们将不规则、不整齐划一、有异端成分、有特别思虑的东西，排斥在正常的范围之外。人类以理性的名义征服良知的惨痛例子实在太多了，中国人欣赏怪石的思考中就深寓着这种思想。

元 赵孟頫 秀石疏林图 故宫博物院藏

欣赏怪石，还与中国艺术追求的无用拙朴的思想有关。苏轼曾作《怪石供》《后怪石供》《咏怪石》等多篇诗文，由怪石引发思考。他的《咏怪石》长诗，就像一篇《庄子》的续文，诗写道："家有粗险石，植之疏竹轩。人皆喜寻玩，吾独思弃捐。以其无所用，晓夕空崭然。"他写自己做了一梦，梦里这块石头来到他面前，对他说：你所说的那些有用的东西，其实都是"伤残破碎为世役，虽有小用乌足贤"，因为有"用"而伤了自己的真性，成了一个残缺不全者。而我虽然无用，但是，"子今我得岂无益，震霆凛霜我不迁。雕不加文磨不莹，子盍节概如我坚？以是赠子岂不伟，何必责我区区焉"？听到这些话，主人忽然感到惭愧不已，从梦中惊醒。苏轼通过怪石的无用，表达自己的颐养生命之道。

苏轼《枯木怪石图》（见本书96页），画家不去画茂密的树木，却画枯萎衰朽的对象；不去画玲珑剔透的石头，却画又丑又硬的怪石。黄山谷曾有《题子瞻枯木》诗云："折冲儒墨陈空堂，书入颜杨鸿雁行。胸中元自有丘壑，故作老木蟠风霜。"赵子昂晚年得东坡之法，喜作枯木怪石，元人许有壬有评云："坡仙戏墨是信手，松雪晚年深得之。两竿瘦竹一片石，中有古今无尽诗。"枯木怪石中有无尽的诗意，这真是中国艺术中至为微妙的声音。

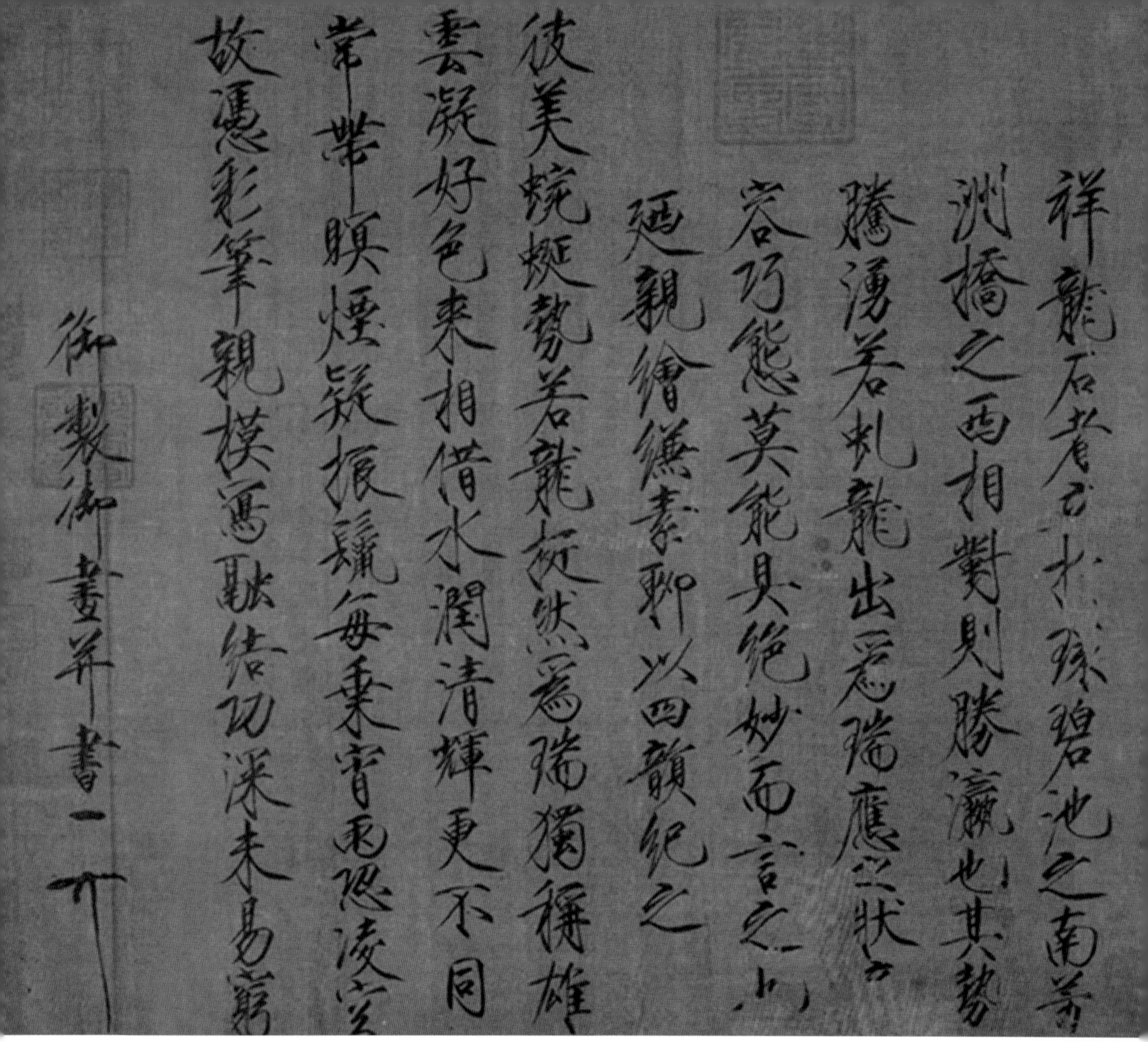

故宫博物院所藏宋徽宗《祥龙石图》，可以说是对宋人赏怪石之风的演绎。图的中心是一块玲珑剔透的太湖石，造型怪异，孔穴连绵，中有皱痕。后部略施翠筠点缀，别无他物。徽宗细笔轻钩，以见轮廓，层层渲染，以出阴影，怪石之状活灵活现呈出，太湖石的清劲、温润、细腻、幽深、奇崛，于此一图得见。北宋米芾以瘦、漏、透、皱四字来概括太湖石之妙，也可由此图见之。

宋 赵佶 祥龙石图卷（局部） 故宫博物院藏

图左有宋徽宗瘦金体的题识：

祥龙石者，立于环碧池之南、芳洲桥之西，相对则胜瀛也。其势胜涌，若虬龙出为瑞应之状。奇容巧态，莫能具绝妙而言之也。乃亲绘缣素，聊以四韵纪之：

彼美蜿蜒势若龙，挺然为瑞独称雄。云凝好色来相借，水润清晖更不同。常带暝烟疑振鬣，每乘宵雨恐凌空。故凭彩笔亲模写，融结功深未易穷。

序和诗都表达了一种瑞应的思想。石是静止的，此有腾踔之势；石是冷硬的，在此幻化为亲切吉祥；石就在我的面前，但观之却能驰骋天国的遐思。

石是中国绘画的模因，在绘画史中不断地遗传、变异。

宋徽宗这幅画可能与白居易的《太湖石》诗有关，白诗道："烟翠三秋色，波涛万古痕。削成青玉片，截断碧云根。风气通岩穴，苔文护洞门。三峰具体小，应是华山孙。"白居易将一块太湖石作为清供，也引发了思考：三秋色是当下的存在，万古痕是无垠的过去。万古的痕迹就在当下中跃现，即此在即永恒。由此表达超越生命的意旨。太湖石玲珑剔透的，所谓"风气通岩穴，苔文护洞门"，这与中国人的气化哲学思想有关，中国人视天地大自然中的一切都是玲珑活泼、彼摄互因的生命体，通则灵气往来，这是自然的通则，也是艺术的通则。白居易太湖石诗还突出了"以小见大"的思想。所谓"三峰具体小，应是华山孙"，正是一片石亦有深处，一勺水亦有曲处，一拳丸石居然有巍峨连绵的意度。

而《祥龙石图》全幅之作画一拳顽石，无处不有逼人的气势。虽小而有云龙之姿，虽然是无生命的，但却是活泼泼的。其中画家正是于此追求一种恒定的精神，一种永恒的意蕴。

宋 赵佶 祥龙石图卷（局部）
故宫博物院藏

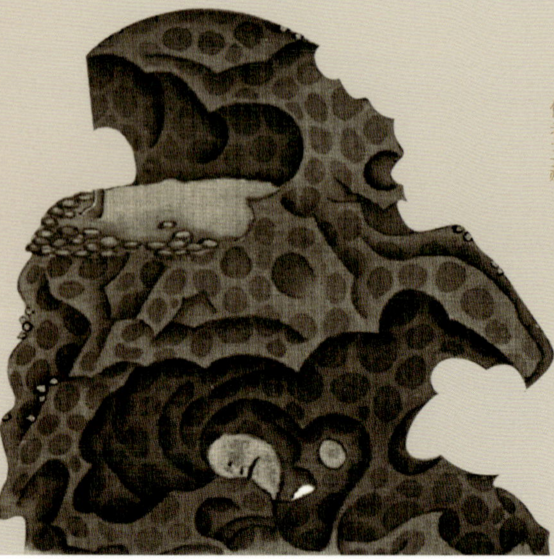

当代画家拟祥龙石的作品（局部）
作者王赫

当代画家拟祥龙石的作品

作者尹继田

当代画家拟祥龙石的作品（局部）

作者王赫

我的遗石

文 / 彭薇

石头是我艺术道路的开始，从这以后，我找到了自己的语言，一个真正不同于传统中国画，不同于其他艺术家的技法。我发现我可以用这个技法来篡改石头，这样一个如此传统的中国的东西，被无数人画过的东西，但这种篡改非常个人，也非常当下。而对于我来说，当下其实仅仅是从画石头的第一笔到最后一笔这样的过程，一旦完成，便已是过去。

2001 到 2010 年我不断走出这个东西，又回到这个东西，这 10 年来，我看到了变化，同样是石头，它们似乎跟我的样子一样慢慢变化。我发现，这是一个其他系列之外能画到老的东西：画石头在我这里如同充电，当一个系列进行到我已非常熟悉，热情减退时，回到它，我又有了新的热情。

我想遗石系列是以一种过去式来证明现在时。它被剥夺了所有古代的涵义，只剩下图式，并转化为一种历史的记忆。它以去除文化意旨而获得新的文化的可能性。但我不想证明我的当代性——因为当代艺术一词的概念来自西方——我想证实的是中国水墨画具有悠久的游戏规则，尤其是，中国人对于时间和今古的概念，怎样有别于西方人——中国古代文人有一句非常哲学的话：

不恨我不见古人，所恨古人又不见我。（《南史·张融传》）

在中国人看来，“古人”与“我”，只是时间的不同“点”，见或不见，才是中国人在乎的事。这就是为什么我画石头时从未念及“当代”与“传统”。我不在乎“重复”，当一件事物被重复，它的时间的点，已经变动了。时间是不会重复的，或者说，时间就是同一与重复。

有名字的石头

写出“采菊东篱下，悠然见南山”的陶渊明，性酣酒醉，仰卧在宅院菊花丛中大石上，名之曰“醒石”，大约是第一块有名字的石头。

敌对的藏石家

晚唐宰相牛僧儒、李德裕陷入“牛李党争”，互相敌对，却都爱石成癖，藏石成瘾。而同样爱石的白居易则因避嫌而不藏石头。

米家的石痴

米芾癖性好石，《宋史》说他知无为军，入州廨，见立石甚奇，即命袍笏拜之，呼为“石兄”。

其后人米万锺同样爱石成癖，时称“友石先生”。他一生爬山涉水，不怕艰险，收藏了大量奇形怪石。其中有一块房山石，运送途中因他遇诬告而被搁置路边，后被乾隆皇帝运到清漪园，名“青芝岫”。

以石为友

自古文人常以石为友。苏东坡爱石，他有一块朝夕相处的“雪浪石”，刻石铭为“岂多言”，另有一石名“小有洞天”。李白在黄山对石饮酒赋诗，醉中绕石三呼。袁宏道每遇一石，无不狂呼大叫。李开先“把酒浇石示同志”。

迷人的研山

南唐后主李煜有一研山，让宋徽宗和清乾隆帝都苦苦寻觅。此石为米芾所得。《志林》记载他“抱眠三日”，狂喜之极，即兴挥毫，留下《研山铭》（见第 112 页）。

叠了山石，误了江山

宋徽宗因造艮岳而办花石纲，编石谱《宣和六十五石》，封石为“盘固侯”，赐金带，画《祥龙石图》（见第 122 页），爱石太甚，劳民伤财，也成为靖康之变的诱因。

石为云根

江南三大名石，冠云峰、瑞云峰、皱云峰，皆以云喻石。

以石比德

文人常引石自喻。《周易》谓：“介于石，不终日，贞吉。”《象》曰：“不终日，贞吉，以中正也。”石被赋于中正不移的人格精神。《淮南子・说林训》谓：“石生而坚，兰生而芳，小有其质，长而愈明”，坚贞孤介是石的自然属性，也是它的人格属性。

石头和尚

宋《高僧传》称唐高僧希迁，师事六祖慧能高弟行思。天宝初，居衡山南寺，寺东有石，其状如台，乃结庵其上，时号“石头和尚”。

此处取决于偶然之九 遗石系列 彭薇作品

顽石点头

晋僧竺道生尝于虎丘山聚石为徒，讲《涅槃经》，群石皆为之点头。顽石点头被看作是佛法巨大的感动力量所致，也被认为是对佛法最根本的默认。

石能言

有一块“无才补天”的石头，闲来无事，历了个劫，胸中愤懑，写了一个故事，名《石头记》。

石能言，本《左传·昭公八年》记载所谓“石言”，指统治者“作事不时，怨讟动于民，则有非言之物而言”的意思。后人用“石能言”典，都是为了对世事表示揭露和愤慨。

藏石大家

明林有麟，著有《素园石谱》，其“青莲舫”藏石，只只奇妙，虽皱、透、漏、瘦未可尽其佳妙。他藏石丰富，如玉恩堂研山、青莲舫研山、蔽庐石、玄池石，清玩雅供，终老一生。

无敌的石头

民间旧时人家正门，正对桥梁、巷口，常立一小石碑，上刻“石敢当”三字，以为可禁压不祥。颜师古《急就篇》“石敢当”注称“敢当，所向无敌也”。

石孕灵物

《西游记》第一回，灵石中蹦出一石猴。石头中孕育人的传说自古即有，据说禹和启都为石所生。《太平御览·地部十七》记四川南部的凉州有一种乞子石。在万物有灵的观念里，石头不是无生命的客体，而是孕育巨大生命创造力的灵物。

痴情的石头

我国民间不少地方都有“望夫石”的传说。《文选》晋代潘安仁《金谷集作诗》：“投分寄石友，白首同所归。”唐代杜牧《樊川集》《奉和门下相公送西川相公兼领相印镇全蜀》诗：“同心真石友，写恨蔑河梁。”

聊斋志异里《石清虚》故事，主人公邢云飞爱上一石，甘心为他折寿，屡次失而复得。而此石也对他一片痴心，最终甘心为他粉身碎骨。

夏昶仲昭筆
千山落木隕紛紛極目湘南一片
雲高節不因霜後見清風那
得世間渭葛陂變化知何日衛
武歌吟重此君白髮仙郎揮灑雲
鳳皇飛下九苞文　天全翁

明 夏昶 竹石轴

故宫博物院藏

明 米万钟 竹石菊花图轴

故宫博物院藏

传统、自然、微观——两位当代水墨画家笔下的故宫树石

文／玄子

画中石与树，不过都是「我」一心灵状态不同瞬间的肖像，「我可以在自身内部经由他者彼此间呼唤的回声中倾听自己」。

在北京北五环外的一扇其貌不扬的铁门内，是当代水墨画家曾小俊精心布置的园子，庭前植树，湖畔养石。好友刘丹的画室就在园子最里面，门口有一株从画里移植出来的杏树。他们仿佛就生活在一幅文人画里。在画境中作画，技法是传统笔墨，心境是千古之文心，甚至他们的生活状态也是“古人”的，并没有“求新”或“复古”的刻意求索。二人相约为空间改造之后的建福宫定制一幅高3.4米，宽2.6米的巨幅挂画。一个画石，一个画树，就像他们一直以来约定的那样。他们将用整整1个月的时间全身心投入到创作中，不惜停下手头其他的工作。

在他们看来，这是对中国文化的献礼。

故宫景福宫连理树
曾小俊作品

此作品现陈设于故宫建福宫敬怡轩内。

寧壽宮内苑所見丁酉金陵劉丹製

这不是二人的第一次合作。2012 年 3 月，他们在法国巴黎吉美亚洲艺术博物馆合作举办了一场名为“石境・中国艺术之微妙玄通”的展览，法国媒体称叹其见证了中国文化“高雅而惊人的传统”。传统，或许是理解这对挚友之间创作关联的关键词之一。有人说他们身上具有传统文人的气质，有人说他们的作品延续了传统水墨的精神。事实上，曾小俊和刘丹都曾不只一次谈及传统。在曾小俊看来水墨画“精神上的传统是永恒的”；刘丹则特别强调他所传续的不是传统的艺术，而是艺术的传统，是站在文脉之上与古人对话。这用一种在当代语境下更有力的表达方式。

所以选择树石，或许并不是对传统山水题材的致敬，只是兴之所致而已。随二人在故宫中寻石访树，会发现他们对故宫中的一木一石都早已烂熟于心。曾小俊在御花园的古柏藤萝前，回想起年幼时在树下玩耍的情景；宁寿宫遂初堂中的四块灵璧石，都不止一次被刘丹作为绘画实践的对象。寻访中，刘丹走得缓慢而迟疑，会在一块石头面前长久驻足，好像在和石头商讨一种可能。曾小俊则疾行如飞，仿佛这些树石早已深印脑海中，只是过来一一打个招呼。他们像探寻老友一般一一走访，在御花园入口处的太湖石前俯仰观察，在断虹桥附近的十八槐间踱步比划。

如何寻找到那个特定的想要转移摹写的对象？刘丹说，一路上他的脑海中有两个思维在吵架。他曾说过，构思取材会通过素描稿“去发现和感知你的对象”，这就是“格物”，是“一种双向的发现过程”。这个过程是符合中国人的自然观念的。刘丹和曾小俊都特别强调自然观，这或许是理解他们关联的第二个关键词。在曾小俊看来，水墨“是追求心灵与自然一致的象征表达”。刘丹对这种“一致”有更为具体的表述，他认为心灵与自然是和谐对等的，“中国人的山水诗，是‘采菊东篱下，悠然见南山’。我和南山同时出现，南山是我的知己，我的朋友。中国人的自然观不像西方人，要么我控制自然，要么我被自然控制。中国人和自然是和谐的关系，我在采菊的状态里，南山作为知己向我呈现，两者都是主体”。于是，景福宫中的连理树与曾小俊在那个特定的瞬间发现了彼此的一致；符望阁东侧的障景石则与刘丹同时“现”于故宫。

灵菌叠雪 刘丹作品

此作品现陈设于故宫建福宫敬怡轩内。

刘丹和曾小俊在故宫选定创作对象及装裱作品

李玉祥、陈伟摄

寧壽宮遂初堂靈壁之三

高六十七釐米灰色石表光潤音清越山形頗似太湖石天生孔洞溝壑自然紋理變化豐富乙未夏月劉丹寫

选定对象之后，即将进入创作。选择传统中最为程式化的树石作画，使用最为传统的笔墨宣纸，刘丹和曾小俊的作品却都被认为是与传统有些“异样”的。这在刘丹看来理所当然，因为“水墨创作过程即是转而由对象来发现我以达致知”。而所致之“知”必然是符合当代这一语境的。DNA、纳米、分子工程为世界带来新的景观，人对于世界的经验也由此不同。表现在二人的作品中，则是对树石微观世界的深刻体悟。在曾小俊眼中“微观角度枯木顽石是一个缩小的宇宙，充满生机”。刘丹则从粒子的构成中感受到某种“神秘”的关联，“莱布尼茨认为皱褶是粒子的基本形构，与石之透皱漏瘦的美学相呼应”。在最近创作“养蒙石”八面图的同时，他把这八个面打碎，将一块掌间顽石变成了一幅瞬息万变的山水长卷。在他看来，“西方人的美学核心是建筑、雕塑，他们侧重构成理论，即不同的东西怎么组合；中国则是讲生成理论，一生二、二生三、三生万物。这不是数量上的增加，而是一个生长程序，这是中国的生成理论”。微观，或许就是理解二人作品的第三个关键词。

他们在这幅树石画中，想要表达什么呢？籍籍无名的障景石、寓意深远的连理树，它们在哪里存在，它们为什么来到这里，这些意义都只是表层的。画中石与树，不过都是“我”心灵状态不同瞬间的肖像，“我可以在自身内部经由‘他者’彼此间呼唤的回声中倾听自己”。

（本文撰写中参考了刘丹和曾小俊此前的专访《雍穆与微观——刘丹谈赏石》及《当代水墨的“玩物”志》）

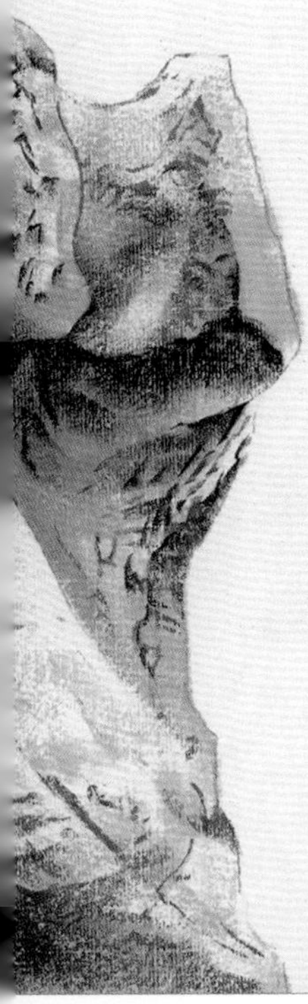

宁寿宫遂初堂灵壁
刘丹作品

寧壽宮遂初堂靈璧之一
高六十三釐米灰色石表温潤聲音清越峯狀中空溝壑縱横綫痕累累 乙未年劉丹寫

寧壽宮遂初堂靈璧之二

高六十二釐米灰色以層狀節理為特徵四面可視正面傾斜層理顯著俯視平坦孔洞迭連乙未年劉丹寫

奇石的「创造性欣赏」

文／丁文父　摄影／杨小宝、李玉祥等

这种创造性的表现方式让我们感受到「石」作为东西方美学欣赏中「最大公约数」的魅力——可以达至最普遍接受的力量。

宋代赏石推崇嵌空多姿、玲珑剔透的形象，例如台北故宫博物院藏宋赵昌《岁朝图》、蔡肇《仁寿图》以及佚名《折槛图》所绘。赵希鹄《洞天清录》也谓怪石“多有岩岫耸秀峰岭嵚嵚之状”，孔传《云林石谱·序》有谓赏石“岩窦透邃，峰岭层棱”。宋代的奇石欣赏品味一直延续到明清两代。故宫博物院藏明代米万锺《秀石图》、香港敏求精舍藏张昆琳《玄云石图》以及清代《三希堂画谱大观》“寿同五岳”所绘赏石依旧保持了这种风格特征。由此不难想象，传为宋代米芾的“相石四法”在明清时代被奉为奇石审美之圭臬。江南园林中的大量赏石就是按照这一审美品味收藏的。例如现存苏州的一尊太湖石集“瘦、皱、漏、透”于一身，石骨瘦秀孤峙，石洞宏大通透，石表皴皱嶙峋，淙注、鳞涡、浪纹、缕络遍布，清润致密，击之微声，四面可观，殊为难得，堪称天下太湖石之最。

明 米万锺 秀石图

故宫博物院藏

现存苏州的太湖石

烟翠三秋色，波涛万古痕。削成青玉片，截断碧云根。风气通岩穴，苔文护洞门。三峰具体小，应是华山孙。

唐 白居易《太湖石》

虽然在明清故宫御苑赏石中也可见这一赏石审美观念的影响，最典型的是紫禁城宁寿宫乐寿堂前对称置放的两尊太湖石，然而，其“瘦、皱、漏、透”的程度难与苏州太湖石相媲美。通观故宫御苑赏石收藏，可以说整体上也并未受宋代赏石审美圭臬的束缚。在故宫御苑赏石中有大量不符合这一赏石审美观念的实例。显然，故宫御苑赏石之罗致另有取向。我们推测，这一取向就是“新奇”，所谓“献瑰纳奇”。

御花园天一门西侧竹林下
“明代早期须弥座珊瑚石”

明初故宫辟园之际，许多赏石正是以“新奇”的特质入藏的，例如珊瑚石等。珊瑚石《云林石谱》和《素园石谱》均无载。另据记载，珊瑚石从宋代以来便不断从南洋或西域供奉朝廷。故宫御花园所藏珊瑚石极有可能是郑和从南洋带回的新奇贡品。这些珊瑚石多为簇状，形态完整、颜色清新，动态景象十分生动。御花园天一门西侧竹林下“明代早期须弥座珊瑚石”由主峰及众多错落有致的小峰组成，远望如起伏峰峦，颇有桂林山水之意境。纹理石在故宫早期的御苑赏石中也十分独特，例如天一门东侧竹林下“明代早期须弥座奇石”呈扁方体，肉黄色，其形状、颜色、质感不仅与传统赏石形象相冲突，而且也不符合传统的赏石审美标准。

明代晚期故宫增补的御苑赏石中也有特质新奇者，例如御花园中“明代晚期须弥座奇石”。此石品种不明，但造型极为新奇：侧面呈L形，正面为长方形，通体仿佛岩溶地貌景观。后背如高耸峰峦、悬崖峭壁；前台若山前平原、纵横湖泊。石表呈泥涡纹，青灰色，质地疏松，有明显的风蚀痕迹。众所周知，中国正是从晚明开始系统地了解岩溶地貌的知识，将此石作为赏石很可能与皇室对自然地质现象的好奇有关。

清代乾隆年间，虽然故宫御苑赏石中增补了大量传统造型的灵璧石、太湖石以及英石，但也有不少意在表现地质现象的新奇赏石被“钩深致远”搜罗入宫，例如笋石、玉石、木变石、结晶石等。宁寿宫花园符望阁前西端“清代中期变体须弥座奇石”所表现的正是石体在地壳的挤压和变质过程中所形成的层理构造。东端另一件“清代中期变体须弥座奇石”所表现的则是地质变动过程中形成的扭曲造型，颇有气势磅礴之势。

御花园天一门东侧竹林下「明代早期须弥座奇石」

宁寿宫花园符望阁前东端「清代中期变体须弥座奇石」

唐宋以来，奇石主要是从文化（rock as culture）或艺术（rock as art）的角度进行理解和欣赏的。从明初新奇的珊瑚石、纹理石到晚明以来乃至乾隆年间这些表现地质现象的奇石，与其说是从传统艺术角度来欣赏的，毋宁说是从近代科学的角度（rock as science）来欣赏的；与其说是赏石，毋宁说是地质学标本。这些新奇的赏石所表现的不是传统的“相石四法”，而是一种充满发现乐趣的大自然之美，一种知识性的美。这是一种冲破传统面向未来，摆脱美学走向科学而颇具前瞻性和创造性的审美情趣。在传统奇石欣赏美学的氛围中发现并融入这种“创造性欣赏”无疑需要敏锐的才识、宽阔的胸怀和极大的勇气。

虽然这一新的审美情趣在皇权和文官社会中非常孱弱，并且没有能够成长壮大为中国 18 世纪以来的审美主流，也没有从中孕育出中国近代的地质科学，但它就像是 14 世纪以来黑暗的美学夜空中一道璀璨的星光，值得我们深思和景仰。20 世纪初，章鸿钊先生首次将现代地质学和矿物学引入中国奇石欣赏，著有《石雅》十卷。从此，中国奇石欣赏开始真正融入科学的意趣，随之开拓出岩石、矿石、宝石等一系列新的欣赏领域。

御花园中"明代晚期须弥座奇石" 柳叶斌摄

贝聿铭在苏州博物馆依计成之法、
米芾画意叠成一山，
正是“藉以粉壁为纸，以石为绘也”。

在艺术方向上，20 世纪以来，许多西方的艺术家则开始了对“石”的另外一种“创造性欣赏”。虽然没有证据表明贾科梅蒂的雕塑与“石”有任何关联，但他所创作的瘦骨嶙峋的人物形象与中国赏石美学中“瘦皱”的意趣的确有不谋而合之巧。相比之下，亨利·摩尔对家乡山石景观富有创意的欣赏，显然启发他利用孔洞创造性地重构人物形象，他的雕塑作品与中国赏石美学中“漏透”的意趣则有着异曲同工之妙。如果说上述两位艺术大师的创作只是借助“石”的特质创造性地演绎出人物形象，那么下述两位艺术大师则对“石”本身进行了创造性的欣赏和表现，在赏石新的表现“形式”中融入了新的“意味”。贝聿铭先生以“解构”的方式“重构”奇石层峦叠嶂、嵌空剔透的形象，为苏州博物馆画下了最具创造性的一笔（同时代的法国艺术家阿曼是“解构 - 重构”手法的创造者），也激发了后人以一种开创性的态度重新欣赏奇石之美。

苏州博物馆中的叠山

马良摄

刘丹言，莱布尼茨对皱褶的定义是皱褶乃粒子的基本形构，与石之“透”、“皱”、“漏”、“瘦”的美学相呼应。

刘丹先生则将“石”的各种表征“解析”为单元，用以“重构”奇石千变万化的表面形态，甚至使其“繁衍”（与阿曼的 accumulation 或 recomposition 不同），从而“重构”中国传统山水画以及欧洲古典人物组画的画面（或许可以将这种手法概括为“解析－重构”）。这种创造性的表现方式让我们不仅领略“石之形”、“石之势”，甚至“石之韵”，还让我们感受到“石”作为东西方美学欣赏中“最大公约数”的魅力——那种可以获得最大共鸣或达至最普遍接受的力量，这正是所有艺术形式所追求的最高境界。当我站在刘丹的巨幅通景山水画面前，脑海里不禁浮现的便是拉斐尔墓碑上的这句话：“在他生前，大自然感到败北的恐惧；而当他一旦溘然长逝，大自然又唯恐与他同去。”宫

圣本尼迪克特接受门徒莫瑞丝和普拉西德斯 拉斐尔作品

皱褶被重新确定 刘丹作品

金陵劉丹畫

策展空间

艺术品是艺术家的作品，展览是策展人的作品。对策展者而言，「空间」是沟通的方式。运用好「空间」，才能让艺术家的作品走入观众的内心世界。

寂静山林——故宫博物院藏四僧书画展的空间设计

文/孙森　摄影/尚海泉

清初四僧书画展，在禅意空间中展示八大山人、石涛、髡残、弘仁四人作品，希望使观者融入他们的精神世界，让作品呈现鲜活面貌。

空山新雨，密林中一间茅舍，主人正伏案读书。出门泛舟而上，瀑布声由远及近，薄雾中可见层峦叠嶂。拄杖登顶，衣袂飘动，远眺万峰青插，如云拂天。

这景象并非出自一人手笔，乃四僧心境之写照。

清初四僧，风格迥异，却被后人并列提及，实是耐人寻味。他们的书画造诣自不必说，由于有着相似的遭遇，更有与自然对话之平淡心境，于人生世事之彻悟，才有了今天同台亮相的可能。

画展入口处的造云石

文人赏石，以其姿态旷逸，喻林泉丘壑，寄山水情怀，又可同时品鉴其佳文隽书，发思古幽情。“造云”，石身遍布题刻。有元顾瑛篆书“玉山草堂清玩”，吴中硕儒郑元祐“造云石记事”和句曲外史张雨题刻，明东桥居士顾璘、香光居士董其昌及昆仑山人张诗题跋等，共计8处。（文/王戈）

石濤

展厅米色的背景墙

此次四僧展览，希望融入他们的精神世界，让作品呈现鲜活面貌，见物思人。展览所要触及的首先是他们的艺术成就，用真实、质朴的语言做空间设计。展厅用偏暖的木色搭建空间，立面以米色为基调，墙面略深，纹理较粗，展柜内的部分则接近泛黄的宣纸，质感细腻。褪去浮华之色的展览，打算邀请观众走进山中，开始一段溪山行旅。

博物馆的展览中，书画展属于难做的一类。中国画的传统就是私密观看，放在公共空间里完全改变了语境，此外平面作品不似耀眼夺目的器物容易提起兴趣，讲故事的技巧因此更显得重要。相比现代博物馆，武英殿的格局无法做大的调整，因此不可能根据脚本随意编排空间的序列，如此一来，又增加了一道屏障。

面对难题，我们的设计回到四僧，回到他们对自然的关注，万壑松风的感悟也希望带给观众，于展厅中游走即是溪山行旅的过程。在轴线上营造三个小空间，成为参观中可以驻足停留的节点，为展览增添一些叙事的成分。

于展厅中游走即是溪山行旅的过程。在轴线上营造三个小空间，成为参观中可以驻足停留的节点，为展览增添一些叙事的成分。

四人从未谋面，却在此处相逢，这是点题之法，令人遐想。

入口的墙面原本只有海报，此次将其与室内打通，又用玻璃分隔开，形成内凹的小空间，仿佛行旅开端的小景。正中放置一块元代造云石，其形如天风遏云，呈抱崖绮布之势，上有顾瑛、董其昌等文人题字。后墙上四僧落款集成一幅图，远看像书法作品，近看个性分明。四人从未谋面，却在此处相逢，这是点题之法，令人遐想。

走进展厅，曲折迂回，前殿中央又是一围合的小空间，名为僧房。展览中的画作是纵横铺开的，观者心绪飘荡，到这里方能凝心聚气，好似半山中一间茅屋，可以歇歇脚了。

屋中陈设完全出自想象，四僧的生活状态并不相同，但总能追溯到明末清初的文人趣味。中有画案、右为禅椅、古琴，左有供桌、佛龛，画案前置一根雕与盆景，围合出沉静的氛围。画案对面是一扇落地“窗”，透出自然光，云影、人影隐约浮动，明暗随四时转变，微妙而有生气。“窗”的对面是僧榻与花几，半围合的空间增加了私密感，静心修行。

展厅中的禅房

后殿正中，也是行旅的终点，做一月下抚琴的场景。观众从过廊处往后殿遥望，好似从近山眺远山，云雾中一轮明月，奇木琴桌与仲尼式冷石古琴，完全是虚构的画面。站在近前，潇湘云水之曲与黄山奇景相配，四僧孤寂之心绪便投射在观者心中。

石涛自称苦瓜和尚，乃是要表其“朱心”未改。枯树梅花、丹崖巨壑看似平静，却隐含着孤傲不屈与宏大气魄。我们的展览也想再更进一层，于空间陈设中阐释四僧复杂的内心。

博物馆中的陈设场景，多为原样复原，尽可能贴近时代面貌，如波士顿美术馆的屏居佳器、上海博物馆的文人书房、西雅图艺术馆的茶室、苏州博物馆的墨戏堂，无不精致耐看，做足了文人雅趣。但就像现代居室中摆上盆景一般，总感觉少了些生气，与整体环境脱离，不太容易触动观众。

展厅后殿正中的琴桌、古琴

展厅入口序厅的老石榴树

武英殿的空间里，我们借用了当代艺术手法，在传统的陈设中植入一些观念，不留痕迹，若有人能从中悟出设计师的用心，便有了与四僧对话的机缘。

武英殿的空间里，我们借用了当代艺术手法，在传统的陈设中植入一些观念，不留痕迹，若有人能从中悟出设计师的用心，便有了与四僧对话的机缘。

入口序厅，一株老石榴树经过修剪，立于前言说明的旁边。枯树自是文人画中常见的题材，但树根处插上几支嫩芽与鲜花，则让这一角落多了几分灵气，特别有弘仁的“劲”与石涛的“奇”。我们邀请插花艺术家为展厅做了几件作品，除了入口，还在僧房与抚琴的空间里，枯木生花，看似不合常理，为的是表现四僧的精神世界。

僧房中的“窗”，做成了四条屏的形式，透光的效果，完全是现代的手法。不仅是装饰，更是又一次四僧“聚会”。四幅画分别是四个人画作的局部，拼合而成的效果很有戏剧性，方便细心的观众比较其中的异同。看似随意，其实是设计师精心埋下的伏笔。僧榻后面的墙上，也有四幅画，每幅都有一句四僧的自我评语，“苦瓜和尚就是这等习气”，这是石涛对自己的评价，坦荡率真，显露无疑。

若是这些小细节都未被发现也没有关系，后殿那一轮明月，是最容易被吸引的装置艺术。圆月是一个屏幕，投影出弘仁黄山图册的画面，又将黄山实景与之对应，这是地道的当代艺术的呈现手法。文人画中的风景永远是心中的理想，不了解中国书画的观众也会有所感悟吧。

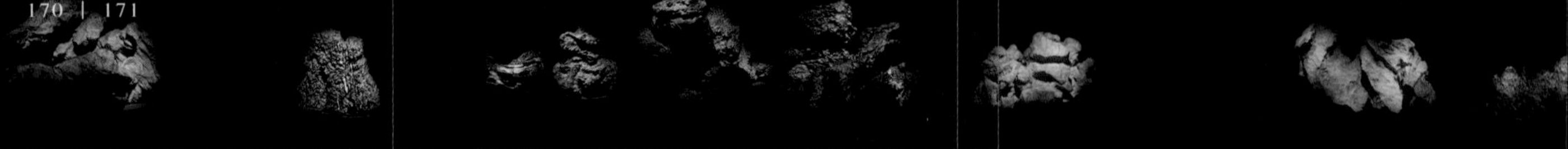

内室山《万里江山图》

古人言，观赏园林之叠山，远观山势，近看文脉，观赏此作亦然。

曾梵志以黄玄龙所藏 22 座研山，依画理叠山，仿晚明叠山大师计成 “内室山”之意，创作了《万里江山图》。

曾先生的《叠山长卷》是一件“立体绘画”，直接用灵璧研山作素材，22 座石质、纹理、大小、高低不一的研山，摆置于同样高度的展台，从而显出其主从俯仰、高低错落之别。而彼此之间的疏密、高低、远近不一，是其既为相对独立之个体，俨然罗峰列嶂，又复相互结合而为整体，如若咫尺千里。

曾先生在叠山作品中主要运用对比手法，有体量上的大与小，轻与重比对；布置上的主与次、分与合、疏与密、聚与合对比；距离间的远与近对比；垂落间的高与低对比；线面上的曲与直对比；型态上的扬与抑对比；层次间的前与后对比、凹与凸对比、进与退对比；纹理间的横与直对比、皴与平对比；细部处理上虚与实对比，隐与显对比等。这些对比手法的运用都必须从平、立和空间多视角考虑，巧于灵活运用。多种对比交织，构成叠山丰富的变化。

此“叠山长卷”需由远观，始能得作品的全面视角，这也正是中国古代山水画的宏观视野与散点透视法。

对于观者来说，这幅“叠山长卷”的面貌，取决于观赏时选择的视角与位置。易言之，这是一个需要作者的设计与观者的体会，两者“共同合作”才能完成的行为或装置艺术。古人言，观赏园林之叠山，远观山势，近看文脉，观赏此作亦然。

（据黄玄龙《万里江山图》编辑）

内室山《万里江山图》

曾梵志作品

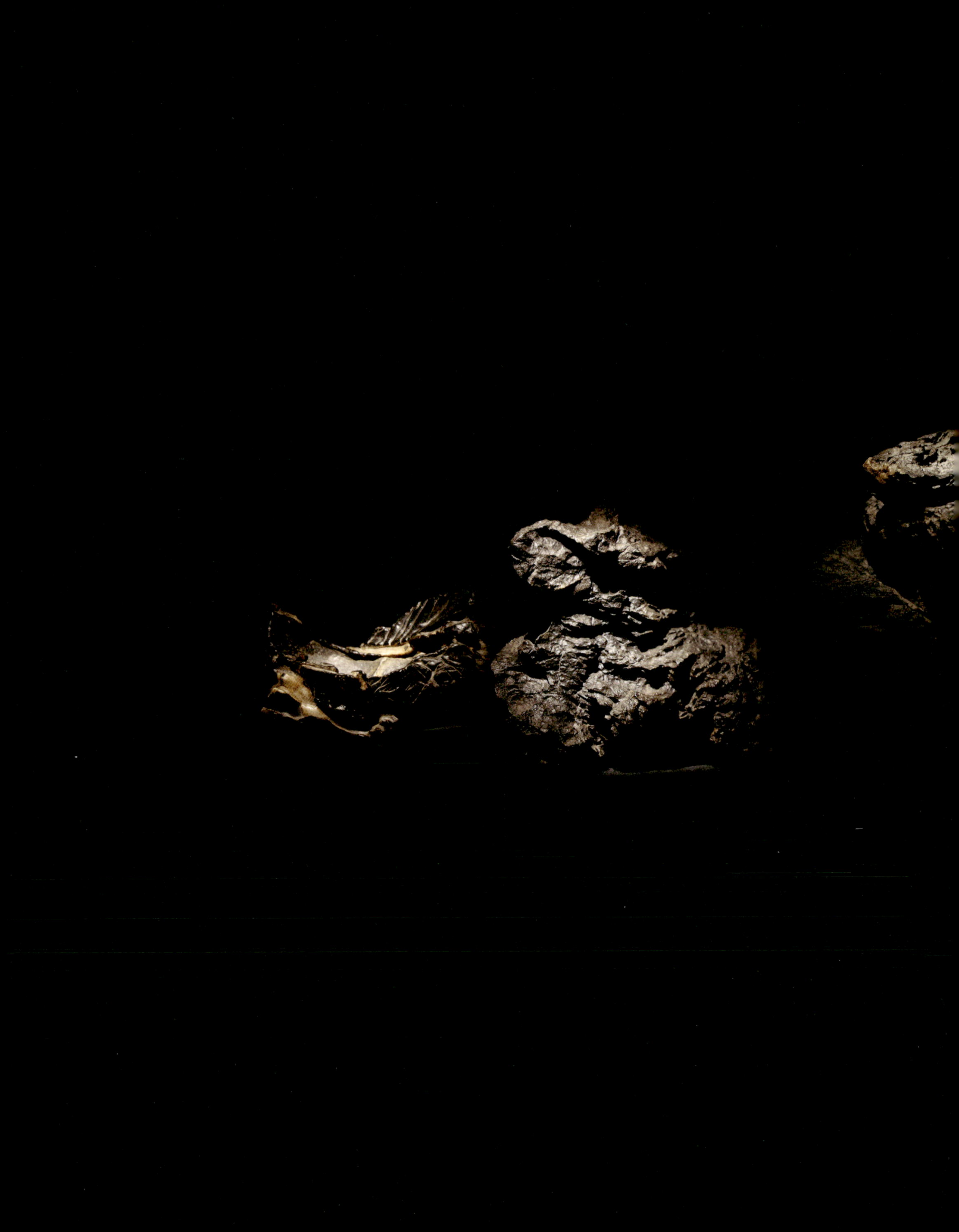

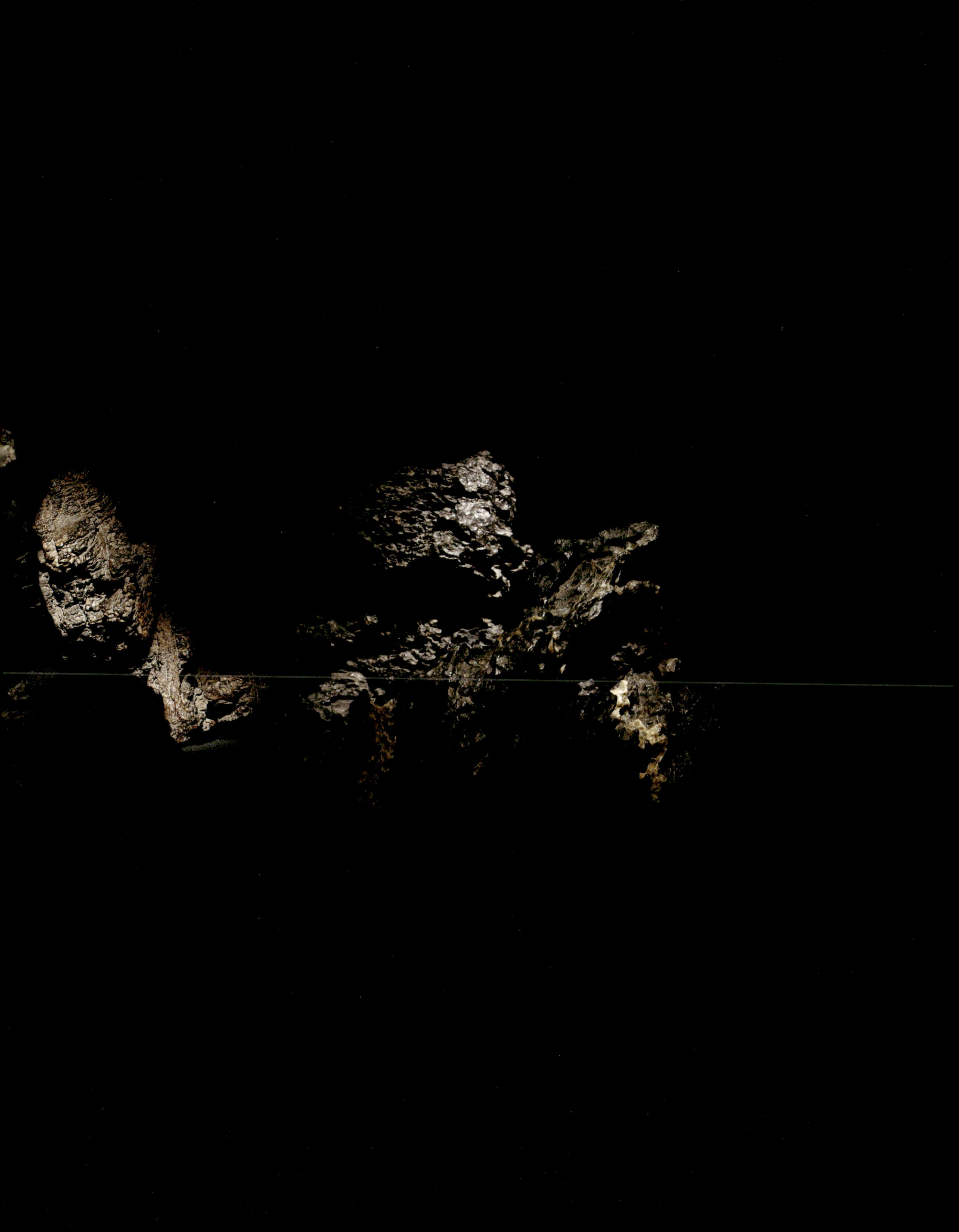

曾梵志手绘《万里江山图》草稿

2016.12.2

图书在版编目 (CIP) 数据

宫·帝王的花园 . 下 / 空间与陈设编辑室编 . --
北京： 故宫出版社 , 2017.6（2023.9 重印）（建筑、空间与陈设）
ISBN 978-7-5134-1005-2
Ⅰ . ①宫… Ⅱ . ①空… Ⅲ . ①紫禁城 – 建筑艺术Ⅳ . ① TU-092.2
中国版本图书馆 CIP 数据核字 (2017) 第 145433 号

《宫 · 帝王的花园》（下）

主　　编：王亚民
执行主编：宋小军
副 主 编：梁 爽
专题编辑：刘 晴　刘 玄　黄世琰
新媒体编辑：刘 玄
视频编辑：陈 伟
流程编辑：陈 伟
英文翻译：逄 芮
设　　计：北京知凡文化艺术有限公司
扉页题字：徐 冰

空间与陈设编辑室出品

电 话：010 - 65214118
Email：SCFFCP@126.com

故宫文物图片由故宫博物院资料信息部提供

责任编辑：黄世琰　王 萍
责任印制：马静波　常晓辉
出版发行：故宫出版社
地址：北京市东城区景山前街 4 号　邮编：100009　邮箱：ggcb@culturefc.cn
电话：010 - 85007808 85007816　网址：www.culturefc.cn

印　刷：北京雅昌艺术印刷有限公司
开　本：889 毫米 ×1194 毫米 1 / 16　印 张：11　字 数：40 千字
版　次：2017 年 6 月第 1 版　2023 年 9 月第 3 次印刷　印 数：9001 ~ 10500 册
书　号：ISBN 978-7-5134-1005-2
定　价：97.00 元